Contraste insuffisant

NF Z 43-120-14

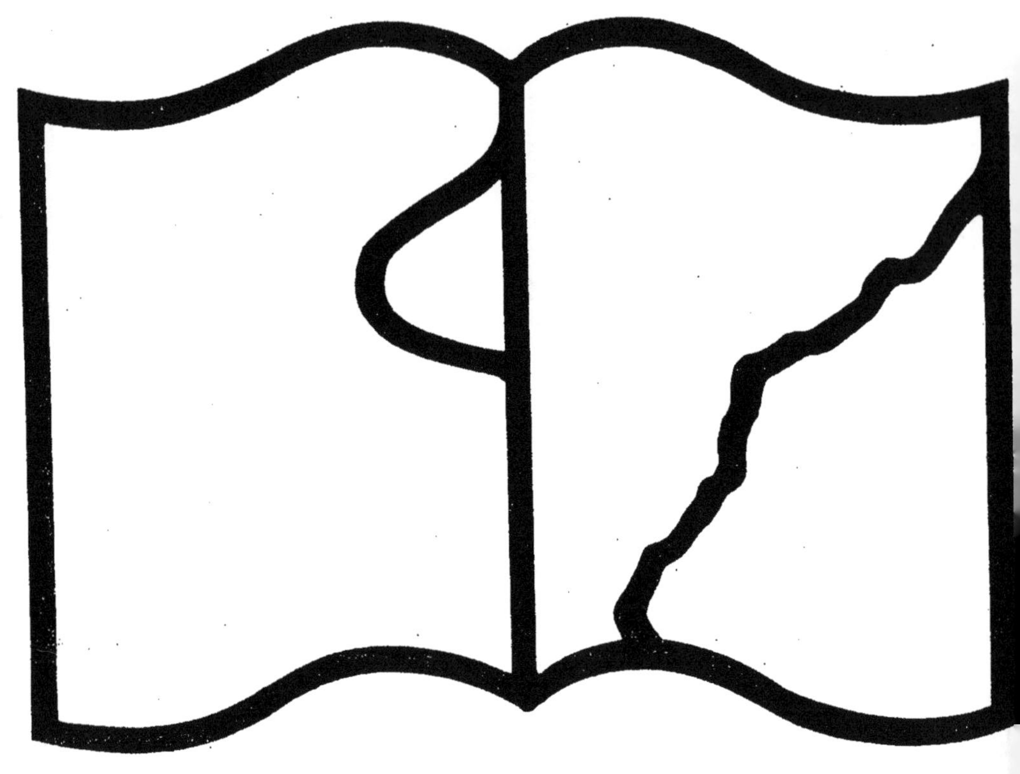

Texte détérioré — reliure défectueuse

NF Z 43-120-11

8°V
1173

[BIB]LIOTHÈQUE SCIENTIFIQUE-INDUSTRIELLE ET AGRICOLE
Des Arts et Métiers. XI.

HYDRAULIQUE APPLIQUÉE

DES DIVERS APPAREILS

SERVANT A

ÉLEVER L'EAU

POUR

ALIMENTATIONS, IRRIGATIONS, ÉPUISEMENTS

UTILISATION ET DESCRIPTION

DES

MOTEURS HYDRAULIQUES

PAR MM.

CHAUVEAU DES ROCHES, BELIN & VIGREUX

ingénieurs civils
rédacteurs des ANNALES DU GÉNIE CIVIL

Le texte est accompagné de 14 figures et 16 planches in-4°.

---

10 francs

PARIS
LIBRAIRIE SCIENTIFIQUE, INDUSTRIELLE ET AGRICOLE
Eugène LACROIX, Imprimeur-Éditeur
Libraire de la Société des Ingénieurs civils de France, de celle des anciens Élèves des Écoles nationales d'Arts et Métiers, de la Société des Conducteurs des Ponts et Chaussées de MM. les Mécaniciens de la Marine, etc., etc.
54, RUE DES SAINTS-PÈRES, 54

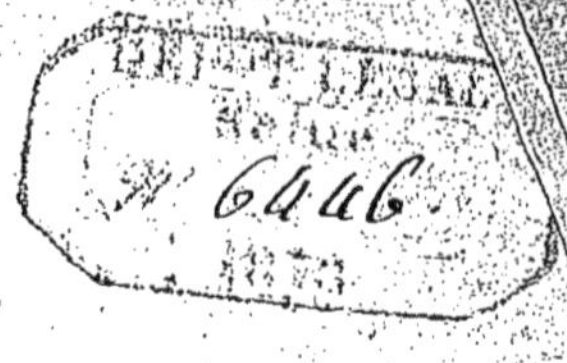

BIBLIOTHÈQUE

SCIENTIFIQUE, INDUSTRIELLE ET AGRICOLE

DES

ARTS ET MÉTIERS

PUBLIÉE PAR

E. LAROIX ✻

Ancien-Officier de marine, Ingénieur civil
Membre de la Société industrielle de Mulhouse, de l'Institut royal des Ingénieurs hollandais
de la Société des Ingénieurs de Hongrie, etc.

BIBLIOTHÈQUE NATIONALE R.F. IMPRIMÉS

COLLECTION

DE

TRAITÉS THÉORIQUES ET PRATIQUES.

DU FORMAT GRAND IN-8° RAISIN

Chaque volume est accompagné de dessins techniques qui sont intercalés dans le texte ou dont l'ensemble forme un atlas séparé.

PARIS
LIBRAIRIE SCIENTIFIQUE, INDUSTRIELLE ET AGRICOLE
Eugène LACROIX, Imprimeur-Éditeur
Libraire de la Société des Ingénieurs civils de France, de celle des anciens Élèves des Écoles nationales d'Arts et Métiers, de la Société des Conducteurs des Ponts et Chaussées de MM. les Mécaniciens de la Marine, etc., etc.
54, RUE DES SAINTS-PÈRES, 54

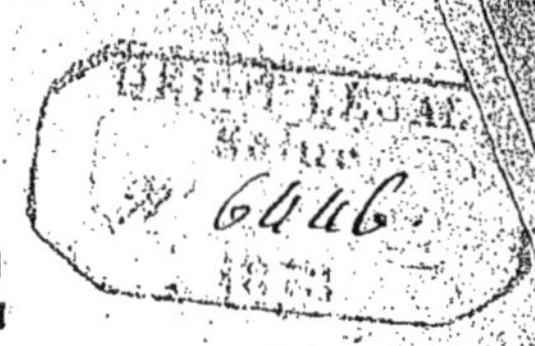

BIBLIOTHÈQUE

SCIENTIFIQUE, INDUSTRIELLE ET AGRICOLE

DES

ARTS ET MÉTIERS

PUBLIÉE PAR

E. LACROIX *

Ancien-Officier de marine, Ingénieur civil
Membre de la Société industrielle de Mulhouse, de l'Institut royal des Ingénieurs hollandais
de la Société des Ingénieurs de Hongrie, etc.

BIBLIOTHÈQUE NATIONALE R.F. IMPRIMÉS

COLLECTION

DE

TRAITÉS THÉORIQUES ET PRATIQUES.

DU FORMAT GRAND IN-8° RAISIN

Chaque volume est accompagné de dessins techniques qui sont intercalés dans le texte ou dont l'ensemble forme un atlas séparé.

PARIS
LIBRAIRIE SCIENTIFIQUE, INDUSTRIELLE ET AGRICOLE
Eugène LACROIX, Imprimeur-Éditeur
Libraire de la Société des Ingénieurs civils de France, de celle des anciens Élèves des Écoles nationales d'Arts et Métiers, de la Société des Conducteurs des Ponts et Chaussées de MM. les Mécaniciens de la Marine, etc., etc.
54, RUE DES SAINTS-PÈRES, 54

R 133322

CONDITIONS DE LA SOUSCRIPTION

POUR LES VOLUMES

QUI COMPOSENT LA BIBLIOTHÈQUE DES ARTS ET MÉTIERS

Toute personne qui désire un ou plusieurs volumes de cette collection est priée de nous en adresser la demande par lettre affranchie, en accompagnant cette demande d'un mandat sur la poste ou d'une valeur à vue sur Paris représentant le prix des volumes demandés. En échange, par le retour du courrier, l'objet de sa demande lui est adressée par la voie la plus économique.

Nous expédions franco pour les départements l'Alsace, la Lorraine et l'Algérie avec une augmentation de 10 p. 100 sur les prix du catalogue.

Nos clients, pour les pays étrangers, doivent augmenter leur mandat de 20 pour 100, s'ils desirent recevoir franco *l'objet de leur demande.*

Les Membres de la société des Ingénieurs Civils, ceux de la société des anciens Élèves des Écoles d'Arts et Métiers, les membres de la société des Conducteurs des Ponts et Chaussées, nos abonnés aux *Annales du Génie civil,* au *Moniteur de la Photographie, recevront pour la France les envois* franco.

Outre les volumes de cette collection, nous avons toujours un assortiment aussi complet que possible de toutes les publications qui intéressent MM. les Ingénieurs et Architectes, MM. les Chefs d'usines industrielles et d'exploitations agricoles, MM. les Élèves des Écoles polytechniques et professionnelles.

Nous envoyons notre Catalogue général, 1 fort volume illustré, d'environ 200 pages, contre la réception de 2 francs en timbres-poste français.

TRAVAUX TYPOGRAPHIQUES

Nous nous chargeons de tous les travaux relatifs à l'industrie du livre : gravures en tous genres, impressions typographique et lithographique, brochure, clichage, électrotypie etc., etc.

Nous rachetons tous les ouvrages qui ont trait aux arts, aux sciences et à l'agriculture.

Toutes les demandes de livres ou communications de manuscrits doivent être adressées au siége de l'administration de l'imprimerie et de la librairie, *Paris,* 54, *rue des Saints-Pères.*

BIBLIOTHÈQUE
SCIENTIFIQUE, INDUSTRIELLE ET AGRICOLE
DES
ARTS ET MÉTIERS

CATALOGUE DES OUVRAGES PUBLIÉS
(Janvier 1873.)

ADHÉMAR (le comte d'), ingénieur civil. — **Traité pratique de la construction des tramways, chemins de fer à chevaux dits chemins de fer américains.** Application des divers systèmes à l'établissement des chemins de fer d'intérêt local, etc. 1 vol. grand in-8 avec 34 figures, 116 pages. 6 fr

Cet ouvrage est un traité technique des divers systèmes de chemins de fer à chevaux, question qui est à l'ordre du jour. Il intéresse à la fois les constructeurs et les communes. Les constructeurs y trouveront des données pratiques et les devis comparatifs des divers systèmes. Les communes situées en dehors des grandes voies ferrées à locomotive, y trouveront la connaissance des moyens économiques qu'elles auront à employer pour rentrer dans le réseau général des chemins de fer et éviter ainsi l'isolement d'une position excentrique. Cet ouvrage manquait à la librairie industrielle.

BLAVIER (E.-E.). — Nouveau traité de **télégraphie électrique.** Cours théorique et pratique. 2 vol. grand in-8 d'environ 500 pages chacun, illustrés de près de 6,000 bois. 20 fr.

Cet ouvrage est sans contredit le plus recommandable et le seul complet qui ait été publié sur la matière. Il a été adopté dès son début par tous les employés des lignes télégraphiques en France et à l'étranger.

BRÉART, capitaine de frégate, ayant commandé la corvette d'instruction des élèves de l'École navale pendant les années 1858, 1859, 1860. — **Manuel du gréement et de la manœuvre des bâtiments à voiles et à vapeur,** formant, avec un Appendice relatif au canonnage, le complet des matières exigées pour l'obtention du brevet de capitaine au long cours et de maître au cabotage. Ouvrage approuvé par M. le ministre de la marine et rédigé conformément au programme adopté. Cet ouvrage est adopté à l'école navale de Brest et à l'école royale de Gênes. Troisième édition augmentée de la bibliographie du marin. Un vol. grand in-8, 447 p. avec atlas. 10 fr.

DEMANET (A.), lieutenant-colonel honoraire du génie, membre de l'Académie royale de Belgique, etc. — **Cours de construction,** connaissance des matériaux, emploi des matériaux, théorie des constructions, établissement des fondations, applications, économie des travaux, entretien. 2 volumes grand in-8 d'ensemble 1139 p., avec un atlas in-folio de 61 pl. dont 3 coloriées. 3e édition. Prix : 80 fr.

Cet ouvrage présente, sous une forme concise et méthodique, les principes généraux de l'art de bâtir : il peut servir tout à la fois de Guide pour les jeunes gens qui se destinent à la carrière d'ingénieur ou d'architecte, et de compendium pour ceux qui ont déjà acquis une certaine pratique.

N'oublions pas d'ajouter que M. Demanet a professé pendant un grand nombre d'années un cours de construction à l'École militaire de Bruxelles, et que cet ouvrage emprunte une grande autorité à l'expérience de l'auteur.

DU MONCEL (le comte Th.). — **Exposé des applications de l'électricité.** 3e édition entièrement refondue. 4 v., gr. in-8, 40 fr. pour les souscripteurs. En vente les tomes 1 et 2. **Technologie électrique,** tome 1er, 528 pag. avec 93 fig., le texte et pl., 12 fr. 50. Tome 2e, 560 pages, 1 tableau et 192 fig. dans le texte. 12 fr. 50

Cette troisième édition de l'inappréciable travail de M. le comte du Moncel a été entièrement refondue. La deuxième édition, comme la première, a été enlevée rapidement. La première édition n'était en quelque sorte que le sommaire de la seconde, et celle-ci un compendium de toutes les applications électriques venues à la connaissance de l'auteur : la troisième édition est un traité complet de la question, tant au point de vue théorique qu'au point de vue pratique. M. du Moncel l'a divisé de la manière suivante :

Le premier volume, est consacré à la technologie électrique, c'est-à-dire aux connaissances techniques, qui sont nécessaires pour *bien appliquer l'électricité*. L'étude de la propagation électrique dans les circuits de toute nature y est suffisamment développée pour que chaque chercheur puisse en appliquer les déductions suivant les cas.

Le deuxième volume comprend d'abord la discussion complète des lois des électro-aimants, la description de tous les systèmes électro-magnétiques imaginés, viennent ensuite l'étude et la description des appareils d'induction, l'étude et la description détaillée des appareils d expérimentation, la télégraphie électrique considérée principalement au point de vue des instruments, la question de la télégraphie sous-marine, etc., etc.

Le troisième volume a trait aux applications électriques : appareils de précision, horlogerie, balistique, instruments météorologiques, astronomiques et de marine. sécurité des chemins de fer, etc., etc.

Enfin, le quatrième volume passe en revue tout ce qui a été fait pour appliquer l'électricité à l'industrie, aux arts, aux besoins domestiques, à la mécanique, etc.

En résumé l'auteur a pu faire de cet ouvrage un traité complet des applications de l'électricité tout à fait à la hauteur de la science actuelle et des découvertes nouvelles.

Conditions de la souscription :

L'important travail de M. le comte du Moncel qui forme 4 vol. gr. in-8 est mis en vente au prix de 40 fr pour les souscripteurs. Lorsque le travail sera complétement publié le prix sera élevé à 50 fr. Les tomes I et II sont en vente au prix de 12 fr. 50, achetés isolément.

FLAMM (Pierre), membre de plusieurs sociétés savantes, ex-directeur de verreries. — **Le Verrier au XIXe siècle**, ou enseignement théorique et pratique de l'art de la vitrification tel qu'il est fabriqué de nos jours, comprenant la fabrication du verre à vitre, des cristaux, des bouteilles, de la gobeleterie, des glaces, du verre pour optique, de la verroterie, du strass, des verres de couleur et filigranés traitant de la peinture sur verre, des émaux, du soufflage à la lampe d'émailleur, etc. 1 vol. gr. in 8, 519 p., fig. dans le texte. 12 f.

En publiant ce livre, le but de M. Flamm a été moins d'écrire un traité scientifique que de guider dans leurs fonctions les maîtres, les contre-maîtres et les ouvriers, par des données consacrées en grande partie par l'expérience. *Le verrier au XIXe siècle* est un recueil richement fourni de notes précieuses disséminées jusqu'alors dans les revues périodiques. C'est en même temps l'ensemble des résultats des propres expériences et découvertes de l'auteur, fruit de vingt années de pratique continue.

GAUDARD (J.), ingénieur civil. — Étude comparative de divers **systèmes de ponts en fer.** 1 vol. grand in 8 de 140 pages, 14 tableaux, et accompagné d'un atlas gr. in-8 de 9 planches doubles. 12 fr.

Tous les hommes spéciaux comprendront l'importance de l'étude à laquelle s'est livré M. Gaudard. Pour arriver à de tels résultats pratiques, il a fait une comparaison approfondie des systèmes fondés sur l'emploi des formules théoriques, appliquées à des ouvrages offrant des conditions variées, mais conçus tous dans un même esprit, calculés pour travailler à des coefficients identiques et affranchis d'accessoires inutiles.

L'ouvrage de M. Gaudard est désormais indispensable à l'ingénieur chargé de la construction d'un pont en fer.

GILLOT (V.). Ingénieur civil des mines **Carbonisation du bois,** emploi du combustible dans la métallurgie du fer : 1° carbonisation en forêt, carbonisation en vase clos, séparation et rectification des produits de la distillation ; 2° perte en combustible dans les traitements des minerais de fer, perte en combustible dans le traitement de la fonte, économie réalisable dans les traitements des minerais de fer et de la fonte. 1 vol., 120 pages et une planche double in-f. 6 fr.

Tous les faits rapportés dans ce volume sont le résumé de plus de trente années de recherches et de travaux métallurgiques qui ont été observés et reproduits par l'auteur avec un soin minutieux, durant ce laps de temps, et autant de fois qu'il l'a fallu, dans les cas les plus variés d'expériences en grand des procédés pratiqués par l'industrie sidérurgique.

M. Gillot déclare lui-même qu'il a été arrêté longtemps dans sa laborieuse entreprise par des difficultés qui résultaient surtout de l'ignorance à peu près complète, dans le traitement des minerais de fer au haut-fourneau, de certaines propriétés des corps, notamment de la loi de variation de la caloricité, sans la connaissance de laquelle la détermination des hautes températures est absolument impossible ; mais que malgré la gravité des obstacles, il a pu éclaircir toutes les questions restées obscures sur la carbonisation, sur le haut-fourneau et sur le four à reverbère, et à en donner la véritable explication théorique.

La première partie du mémoire de M. Gillot traite spécialement de la carbonisation, ainsi que son titre l'indique ; dans la deuxième partie qui paraîtra prochainement, il s'occupe de l'emploi du combustible dans la métallurgie du fer. Le résumé général, qui termine cette seconde partie, reliera les deux questions.

GRANDVOINNET (J.-A.), ingénieur, professeur de génie rural à l'École de Grignon, rédacteur des *Annales du Génie civil*, etc. — **Le Génie rural.** Recueil spécial de **machinerie agricole.** Constructions rurales. — Irrigations. — Drainages. 1 vol. grand in-8, de 296 pages, avec figures dans le texte et un atlas de 62 planches. Prix. 15 fr.

— **Meulerie et Meunerie.** Etude sur le gisement, l'exploitation et le travail des pierres employées à la fabrication des Meules. Gr. in-8°, Texte et 36 fig. et 1 pl. 5 fr.

GUETTIER (A.), ingénieur et directeur de fonderie, membre de la société des ingénieurs civils. — **Fonderie et emploi pratique et raisonné de la fonte de fer dans les constructions.** Recueil d'expériences, d'études et d'observations pratiques adressé aux ingénieurs, aux architectes, aux conducteurs et à toutes les personnes appelées à se servir de la fonte. 1 vol. de 550 p. in-8, et 1 atlas de 24 pl. in 4. 30 fr.

Destiné non-seulement aux industriels occupés purement des travaux de la fonderie, mais adapté à toutes les classes de constructeur, pour qui l'emploi des métaux est un tout puissant auxiliaire, cet ouvrage a marqué sa place parmi les publications utiles que le progrès attache aux pas de l'industrie.

M. Guettier s'occupe essentiellement dans ce livre de la fonte examinée au point de vue d'une application particulièrement pratique. Son œuvre, en empruntant sa forme à la réunion d'une série de notices, d'études ou d'articles, peut être considérée comme un travail complet, comme un cours pratique et raisonné de l'emploi de la fonte dans les constructions.

HENVAUX (D.), directeur d'usines, ancien directeur de la fabrique de Couillet. Mémoires sur la **construction des laminoirs.** Nouveau système des plus parfaits sous le rapport de la solidité et sous celui du parfait fonctionnement de toutes les parties. Changements à opérer dans les anciens systèmes pour éviter une partie de leurs inconvénients. Ouvrage indispensable aux constructeurs d'usines, aux maîtres de forges, aux directeurs et aux employés d'usines, ainsi qu'aux ingénieurs mécaniciens et aux élèves des écoles industrielles, des mines et des arts et manufactures, etc. 2e édition, gr. in-8. 10 fr.

LIPOWITZ (A.). — **Traité pratique de la fabrication du ciment de Portland.** 1 vol., gr. in-8°. Traduit avec l'autorisation de l'auteur par M. J. de Champeaux. 1 vol. 58 pages et 2 pl. doubles. 5 fr.

LOVE (G.-H.), ingénieur civil, ancien élève de l'école centrale des arts et manufactures, ex-membre du jury de l'exposition et membre de la société des ingénieurs civils. — **Des diverses résistances et autres propriétés de la fonte, du fer et de l'acier,** et de l'emploi de ces métaux dans les constructions. 1 vol. in-8, 391 p. et 2 tabl., avec bois dans le texte. 8 fr. 50

Une bonne table des matières indique un bon livre. Nous ne reproduirons pas celle de l'ouvrage de M. Love, elle comprend plusieurs pages, — mais nous en indiquerons les titres des chapitres.

Introduction. — Allongement du fer, de la fonte et de l'acier. — Résistance finale du fer, de la fonte et de l'acier à la rupture par traction. — Applications usuelles de la fonte et des efforts de traction. — De la résistance à la rupture par traction de la tôle assemblée par des rivets, et accessoirement de la résistance des rivets au cisaillement. — Applications du fer et de l'acier, sous leurs diverses formes, aux appareils et constructions connus dans l'industrie. — De certaines résistances du fer se rapprochant plus particulièrement de la résistance à la rupture par traction.

Un appendice sur les expériences qui restent à faire pour connaître convenablement les propriétés des matières usuelles en France termine l'ouvrage.

— Essai sur l'identité des agents qui produisent le **son la chaleur, la lumière. l'électricité,** etc. 1 vol. gr. in-8, 317 p. 6 fr.

Dans cette étude, M. Love, il le déclare dans sa préface, — s'est laissé guider par la sensation en s'efforçant d'analyser correctement les idées reçues : son essai part de la notion de la matière que nous recevons par les sens pour arriver à celle de Dieu, en expliquant dans l'intervalle les phénomènes les plus importants de la physique, de la chimie, de la physiologie et de la psychologie.

MARMAY (Pierre) — **Guide pratique de la meunerie et de la boulangerie.** 1 vol. gr. in-8, 145 p., accompagné d'un atlas de 9 pl. gravées. 8 fr.

Ouvrage adopté par M. le ministre de l'instruction publique.

TABLE DES MATIÈRES.

MASSELIN (M. O.), auteur de la série de prix de maçonnerie adoptée par la chambre syndicale des entrepreneurs de Paris et du département de la Seine. — **Dictionnaire** raisonné et formulaire du **métré** et de la **vérification** des travaux : terrasse, maçonnerie, carrelage, etc., 1 vol de 530 pages et 28 planches. 25 fr.

En entreprenant cet ouvrage, M. Masselin a voulu éviter les nombreuses contradictions que l'on rencontre si souvent dans les mémoires et qui proviennent presque toujours de ce que les séries de prix sont ambiguës sur certains points. Cet ouvrage appelé Dictionnaire, parce que les mots sont classés par lettre alphabétique, est donc le commentaire raisonné, tant des séries de prix que des diverses opinions prévalant aujourd'hui chez les métreurs, les vérificateurs et les architectes en renom. C'est donc à tous ceux qui s'occupent du bâtiment que cet ouvrage a été destiné et dans lequel ils puiseront d'utiles et bons renseignements.

OPPELT (G.), professeur de sciences commerciales, chevalier de la Légion d'honneur, décoré de la croix du mérite, de l'ordre de la branche Ernestine de Saxe, etc., etc. — **Traité général théorique et pratique de comptabilité commerciale, industrielle et administrative,** a l'usage des commerçants et des institutions d'instruction publique. Ouvrage adopté pour l'enseignement professionnel, et publié sous la direction d'une société d'anciens juges consulaires. 1 vol. de 367 p. 4 fr.

Il existe un si grand nombre d'ouvrages sur la comptabilité, qu'on pourrait presque affirmer que tout a été dit sur cette matière. Ce que M. Oppelt a voulu, c'est de réunir en un seul cadre tout ce que les meilleurs auteurs ont écrit sur la comptabilité et la tenue des livres, et de présenter un traité tel que, par sa clarté, sa concision et sa simplicité, il puisse se distinguer des ouvrages de cette nature qui l'ont précédé.

En coordonnant méthodiquement son travail, M. Oppelt s'est surtout attaché à développer graduellement toutes les règles, et par conséquent à mettre les explications à la portée de tout le monde.

L'auteur a ajouté à son livre des renseignements usuels sur la fabrication des principales industries, renseignements dont l'utilité sera certainement fort appréciée.

Nous donnons ici un extrait de la table des matières de cet ouvrage :

Terminologie commerciale. — Théorie. — Tenue des livres en parties doubles. — Pratique. Du journal à colonnes, autrement dit journal grand-livre, ou tenue des livres en parties doubles, d'après la méthode américaine. — Tenue des livres en parties simples. — Des huit actions de la lettre de change. — Théorie des comptes courants avec intérêts. — Renseignements commerciaux. — Formules et modèles. — Section X, 1re partie. Principes élémentaires de physique et de chimie industrielle. — 2e partie. Procédés de fabrication des principales industries. — I. Fabrication du sulfate et du carbonate de soude; § 1er, fabrication au moyen du sel commun; § 2, fabrication au moyen de l'azotate de soude. — II. Fabrication de la bière et du vinaigre ; § 1er, mouillage de l'orge ; § 2, germination de l'orge; § 3, touraillage ou dessication de l'orge germée; § 4, mouture des grains. Fabrication de la bière sans emploi de farine dans les chaudières. Brassage. — III. Fabrication des eaux-de-vie. Préparation des matières ; § 1er, matières féculentes, etc., etc.

ORTOLAN (A.), mécanicien en chef de la marine, chevalier de la Légion d'honneur. — **Traité élémentaire des machines à vapeur marines** rédigé d'après le programme du concours pour les brevets de capitaine au long cours et de maître au cabotage. Ouvrage approuvé par M. le ministre de la Marine. Troisième édition augmentée de notions générales sur la manœuvre des bâtiments à vapeur. Accompagnée d'un atlas de 19 planches gravées sur acier, de tableaux et de nombreuses figures dans le texte. 1 v. 487 pages. 12 fr.

Indépendamment de son but principal qui est de faciliter aux marins l'obtention du brevet de capitaine au long cours et celui de maître au cabotage, ce traité élémentaire s'adresse encore aux personnes qui n'ayant ni le temps ni les moyens d'approfondir les lois physiques et les principes mathématiques sur lesquels est fondée la théorie de la machine à vapeur, se trouvent cependant dans la nécessité de posséder des connaissances pratiques sur les machines à vapeur marines, sur leur mécanisme et sur leur installation. Il s'adresse également aux esprits entraînés pour la première fois par l'amour de l'étude et par le désir de connaître cette féconde application de la science moderne, et il les mettra à même d'en apprécier toute l'importance.

Cet ouvrage d'un homme aussi pratique que savant a obtenu, en outre de l'approbation de M. le ministre de la marine, l'appui et les encouragements de plusieurs Amiraux. A l'étranger, il a eu l'honneur de plusieurs traductions.

D'ailleurs, il suffit d'en étudier le plan et la distribution logique et bien appropriée à sa destination pour se rendre compte des immenses services que ce traité a rendus déjà et qu'il est appelé à rendre dans l'avenir à notre intelligente pépinière d'officiers de la marine du commerce.

Quant aux figures intercalées dans le texte et aux planches qui accompagnent le volume, il est difficile d'en trouver qui puissent leur être comparées comme dessin et comme exécution.

— LOTTE ET LACARRIÈRE, premiers-maîtres mécaniciens de la marine nationale. — **Cours de machines à vapeur** appliquées à la navigation, à l'usage des mécaniciens de la marine militaire et de la marine marchande, première partie, examen au grade de quartier-maître mécanicien, d'après le programme officiel de 1868. Ouvrage publié avec l'autorisation de M. le ministre de la marine. 1 vol. de 356 p. et un atlas de 11 pl. in-4, grav. sur acier et légendes explicatives. 10 fr.

ORTOLAN (A.). — **Code de l'acheteur**, du vendeur et du conducteur de machines à vapeur. 1 vol., 278 pages et une pl. gravée sur acier. 5 fr.

PENOT (A). — Les **cités ouvrières** de Mulhouse et du département du Haut-Rhin, avec la description des bains et lavoirs établis à Mulhouse, 1 vol. gr. in 8, 180 p. 9 pl. et tableaux in-folio. 3 fr. 50

— **Notice** sur les Écoles de Mulhouse. Rédigée d'après des notes réunies par le comité d'utilité publique de la société industrielle. 1 vol. 105 pages. 1 fr. 50

— Les **institutions privées du Haut-Rhin** notes remises au comité départemental pour l'Exposition universelle de 1867. 1 vol., 103 pages. 1 fr. 50

PÉRISSÉ (Sylvain). — Ingénieur des arts et manufactures. **Etude sur les portes d'écluse à la mer, en France et en**

Angleterre. 1 br., 100 pag. et 4 pl. doubles, gr. in-8. 7 fr.

Dans cette très intéressante étude, M. Périssé s'est occupé des ports à marées, de la classification des portes d'écluses : portes de flot, bateaux-portes, portes de chasse ; en bois, en fonte, en fer, mixtes ; puis, après avoir décrit les principales portes d'écluses françaises et anglaises, il établit la comparaison des dépenses de construction et conclut à l'adoption des portes en fer. — Les entrepreneurs de travaux publics feront une ample moisson de renseignements précieux dans le livre de M. Périssé.

PIOT (Auguste), ingénieur mécanicien. — Traité historique et pratique sur **la meulerie et la meunerie**. Deuxième édition. 1 vol. de 395 pages, avec fig. dans le texte et planches. 15 fr.

REECH, directeur de l'école d'application du génie maritime. — Théorie des **machines motrices et des effets mécaniques de la chaleur,** leçons faites à la Sorbonne, recueillies et rédigées par M. Emile Leclert, ingénieur des constructions navales.

1re *partie*. — Théorie générale des machines motrices et propriétés des fluides élastiques établies sans idées préconçues sur la nature de la chaleur.

2e *partie*. — Théorie mécanique de la chaleur et particularité qu'elle introduit dans la théorie générale. 1 vol. 190 pag. 5 fr.

RICHOUX (CH.), ingénieur civil, ancien élève de l'école centrale des arts et manufactures, ex-ingénieur aux chemins de fer de Saint-Germain, du Midi, des Charentes. etc. Étude sur les **changements de voies.** 1 vol. 60 pages et 3 planches doubles. Gr. in 8°. 5 fr.

Tout ce qui concerne l'appareil nommé *changement de voie* est réuni dans ce volume ; construction, aiguilles, sécurité de la circulation, règlement sur le service des aiguilleurs et le mouvement des trains aux bifurcations, croisements de voies, construction de croisements, traversées de voies, calculs relatifs à l'établissement des changements de voies, etc., etc.

Aussi l'accueil fait à l'étude dont M. Ch. Richoux est l'auteur en a-t-il consacré la valeur. Il serait à désirer que tous les agents de la voie, dans les chemins de fer, fussent munis de cet ouvrage indispensable.

ROSWAG (C.), ingénieur des mines. — **Les métaux précieux** considérés au point de vue économique. Ouvrage de 28 gravures dans le texte, de 16 pl. coloriées et d'une carte (Babinet) de la production, de la circulation et de l'absorption des métaux précieux. In-8, XV-424 p. 25 fr.

Ainsi que l'auteur le dit dans sa préface, la question des métaux précieux est un sujet qui touche au crédit, à la banque, au commerce et même, par quelques points, à la politique. Il ne nous appartient pas de suivre M. Roswag sur le terrain de l'économie politique ; ce qui est notre droit et notre devoir, après avoir étudié consciencieusement l'ouvrage, c'est d'affirmer que les *métaux précieux* constituent un travail d'ensemble méritant au plus haut degré aussi bien l'attention des hommes d'État, des financiers, des commerçants en général, que celle des industriels spéciaux qui s'occupent de la production de l'or et de l'argent.

STAMMER (Charles), docteur-chimiste. — Traité complet, théorique et pratique de la **fabrication du sucre**, guide du fabricant. 1 volume grand in-8, 625 p. avec 147 figures dans le texte. 20 fr.

Cet ouvrage représente l'état actuel de la pratique et de la science ; pour l'établir l'auteur a mis à profit toutes les publications les plus récentes et ses propres expériences en matière sucrière et chimique.

Dans un arrangement systématique et clair, M. Stammer fait connaître les procédés les plus répandus et il donne un cours complet des travaux de surveillance que nécessite toute fabrique bien dirigée.

Nous donnons ici un extrait de la table des matières. Dans un supplément de 112 pages, illustré de figures. M. Stammer traite plus spécialement le sucre de canne.

Livre 1er. — La betterave. Espèces et variétés.

Culture, maturité, récoltes.

Conservation, culture de la graine.

Analyse. Propriétés chimiques des substances composant le jus de betterave.

Livre 2e. — Extraction du jus par pression, par turbinage, par la macération Schutzenbach procédés combinés, comparaison des procédés d'extraction. Analyse des produits et résidus.

Livre 3e. — La purification du jus, défécation et saturation.

Livre 4e — La cuite et les produits de la fabrication, fabrication du sucre brut concentration du jus. Séparation du sucre et du sirop : travail des bas produits. Fabrication des raffinés.

— Traité complet de la **Distillation** de toutes les substances alcoolisables : grains, pommes de terre, vins, betteraves, mélasses, etc., contenant tous les principaux appareils et procédés usités. Gr. in-8°, *sous-presse*. Prix de souscription. 15 fr.

TRONQUOY (C.), ingénieur civil. — Un chapitre sur le **chauffage et la ventilation.** 1 vol. 52 pages et 2 planches doubles, gr. in-8°. 4 fr.

Imprimerie et Librairie de E. LACROIX, rue des Saints-Pères, 54, à Paris.

HYDRAULIQUE

MOTEURS HYDRAULIQUES

APPAREILS

A ÉLEVER L'EAU

8° V
1473

Nous nous réservons le droit de traduire ou de faire traduire cet ouvrage en toutes langues. Nous poursuivrons conformément à la loi et en vertu des traités internationaux toute contrefaçon ou traduction faite au mépris de nos droits.

Le dépôt légal de cet ouvrage a été fait en temps utile, et toutes les formalités prescrites par les traités sont remplies dans les divers Etats avec lesquels il existe des conventions littéraires.

Tout exemplaire du présent ouvrage qui ne porterait pas, comme ci-dessous, notre griffe, sera réputé contrefait, et les fabricants et les débitants de ces exemplaires seront poursuivis conformément à la loi.

AVIS DE L'ÉDITEUR.

Ce volume est formé de la réunion d'articles publiés dans les *Annales du Génie civil.*

Un premier tirage fait en 1868 ayant été rapidement épuisé, nous faisons une 2e édition augmentée de documents nouveaux publiés jusqu'à ce jour.

Paris, 1er septembre, 1873.

L'Éditeur.

TABLE DES MATIÈRES

Paris. — Imprimerie et librairie de E. LACROIX, rue des Saints-Pères, 54.

BIBLIOTHÈQUE SCIENTIFIQUE-INDUSTRIELLE ET AGRICOLE
Des Arts et Métiers. XI

HYDRAULIQUE APPLIQUÉE

DES DIVERS APPAREILS
SERVANT A

ÉLEVER L'EAU

POUR

ALIMENTATIONS, IRRIGATIONS, ÉPUISEMENTS

UTILISATION ET DESCRIPTION
DES

MOTEURS HYDRAULIQUES

PAR MM.
CHAUVEAU DES ROCHES, BELIN & VIGREUX
Ingénieurs civils
rédacteurs des ANNALES DU GÉNIE CIVIL

Le texte est accompagné de 14 figures et 16 planches in-4°.

10 francs

PARIS
LIBRAIRIE SCIENTIFIQUE, INDUSTRIELLE ET AGRICOLE
Eugène LACROIX, Imprimeur-Éditeur
Libraire de la Société des Ingénieurs civils de France, de celle des anciens Élèves des Écoles d'Arts et Métiers, de la Société des Conducteurs des Ponts et Chaussées, de MM. les Mécaniciens de la Marine
Fournisseur des Écoles professionnelles, etc., etc.
54, rue des Saints-Pères, 54

Tous droits de traduction et de reproduction réservés.

DES DIVERS APPAREILS

SERVANT A ÉLEVER L'EAU

POUR ALIMENTATIONS, IRRIGATIONS ET ÉPUISEMENTS

PAR MM. **CHAUVEAU DES ROCHES** ET **BELIN**, ingénieurs civils.
Anciens Élèves de l'École Centrale.

I

NOTICE HISTORIQUE.

L'homme, dans les temps antiques, établissait sa demeure non loin d'une source d'eau vive, de sorte qu'il lui suffisait d'un vase dans lequel il pût faire tenir sa provision pour le repas ou pour la journée. Quand les conditions de l'existence changèrent, il fallut inventer d'autres manières de se procurer l'eau nécessaire aux usages de la vie. On n'avait plus toujours une source dans son voisinage, à la surface du sol, on dut l'aller chercher au fond de puits plus ou moins profonds. Par la suite, les familles ayant formé des agglomérations, hameaux, bourgs ou villes, voulurent s'assurer une alimentation de mieux en mieux organisée; ce désir donna naissance à des engins plus perfectionnés.

De nos jours, non-seulement on veut avoir à sa disposition la quantité d'eau dont on peut avoir besoin pour la boisson et tous les travaux domestiques; mais encore, comme l'on construit continuellement d'importants ouvrages dont les fondations seraient très-difficiles et quelquefois impossibles si l'on ne pouvait se débarrasser des eaux qui font irruption dans les fouilles, il faut que l'on puisse, à l'aide d'engins spéciaux, enlever ces eaux pour les rejeter au dehors, au point où elles ne causeront plus aucune gêne. Enfin ces mêmes machines, ou d'autres analogues, nous sont devenues nécessaires pour irriguer une grande quantité de terrains dans lesquels, sans cela, notre agriculture serait improductive. Ces appareils, destinés à élever l'eau soit pour l'alimentation, soit pour les épuisements, soit pour les irrigations, forment un groupe très-important dont nous allons essayer d'esquisser l'histoire aussi brièvement que possible.

I. — L'une des premières machines dont il soit parlé à l'époque greco-romaine est la vis à laquelle on donne encore le nom de *vis d'Archimède* (troisième siècle avant J. C.). C'est une boîte cylindrique dans laquelle se meut une héliçoïde gauche montée sur un noyau plein. En inclinant l'appareil d'une manière convenable et donnant à l'arbre ou noyau un mouvement de giration dans la direction ascendante de l'hélice, mouvement dont la vitesse est réglée par l'expérience, l'eau dans laquelle on a plongé le pied de la machine est entraînée et se déverse à la partie supérieure.

L'usage de la vis d'Archimède est devenu très-restreint, excepté en Hollande où elle est encore employée sur une assez grande échelle avec des moteurs à vapeur. En France, on ne s'en sert plus que pour un petit nombre d'applications, et le mouvement lui est presque toujours imprimé à bras d'hommes.

Si l'on appelle α l'angle de l'axe de la machine avec l'horizontale, et β celui d'un élément de l'hélice projetée sur le cylindre avec la génératrice du cylindre lui-même, et soit $\alpha = \beta$, un corps quelconque placé dans le tube ne tendra ni à monter ni à descendre, à moins qu'on ne lui imprime un mouvement dans le sens de l'ascension de l'hélice par exemple : en ce cas il montera.

En pratique, il faut que $\beta = 60°$ et $\alpha = 40°$ environ, non pour que le volume d'eau soit un maximum, mais pour obtenir le maximum *de travail*, la hauteur variant avec α. D'ailleurs β diminue à mesure que l'on considère une hélice plus rapprochée du noyau.

L'eau, dit Péclet dans son *Traité élémentaire de physique*, s'élèvera toujours quand chaque spire aura une tangente horizontale, car alors le point de tangence sera le plus haut ou le plus bas, et le liquide devra se trouver, dans chaque pas, au-dessus de ce dernier. Cela posé, par le point de rencontre de l'axe de la vis et du niveau de l'eau, menons une ligne parallèle à une tangente en un point quelconque de l'hélice qui forme l'axe du canal rampant, et imaginons que cette ligne soit une des arêtes d'un cône droit concentrique à l'axe de la vis; les génératrices de ce cône représenteront les directions de tous les éléments de l'axe du canal; celles qui se trouvent à fleur d'eau seront les directions des éléments inférieurs et supérieurs de chaque spire, parce que ces éléments sont parallèles à l'horizon. On voit facilement, d'après cela, que la vis fonctionnera toutes les fois que le cône sera coupé par le plan du niveau de l'eau, et que l'eau ne s'élèvera point dans la vis quand le cône sera entièrement au-dessus de l'eau.

Fig. 1.

En France, le cylindre tourne avec la vis, son diamètre D varie de $0^{m}.33$ à $0^{m}.66$; celui du noyau, d'environ le tiers, de $0^{m}.10$ à $0^{m}.22$. La longueur est comprise entre 12D et 18D, par conséquent entre $6^{m}.00$ et $8^{m}.00$. Généralement on enroule trois hélices autour du même noyau.

En Hollande, l'enveloppe est séparée, on fait même simplement un coursier demi-circulaire, laissant à l'air libre la moitié supérieure de la vis; il y a des pertes provenant du jeu qu'il faut laisser, mais cela est compensé par une fatigue moins grande des tourillons.

Le nombre des tours N ne doit pas dépasser 40 par minute, car on a encore, en ce cas, pour la vitesse *par seconde*, pour

$$D = 0^{m}.60$$

$$V = \frac{\pi \times 0.60 \times 40}{60} = 1^{m}.26.$$

Le rendement de ces appareils n'est pas toujours le même; mais on peut admettre qu'il est de 50 à 60 pour 100; c'est là ce qui résulte d'observations nombreuses. En certains cas, leur application a présenté des avantages réels. Nous signalerons comme inconvénient la grande longueur d'où résulte souvent une flexion longitudinale de tout le système.

II. — Après la vis vient le *chapelet*, composé d'une série de palettes fixées à une chaîne tournant autour de deux tambours dont l'un lui transmet le mouvement qu'il reçoit d'un moteur quelconque; ces palettes glissent dans une auge inclinée dans laquelle elles font entrer par la partie inférieure l'eau du bief à épuiser, eau qui se déverse à la partie supérieure.

L'appareil est peu coûteux comme installation; mais il donne lieu souvent, à cause des articulations, à des réparations qui, peu importantes comme dépense, peuvent cependant être très-préjudiciables parce qu'elles entravent la marche du travail. On pourrait sans doute arriver à des perfectionnements; mais le rendement utile n'étant que de 40 pour 100 environ, les inventeurs n'ont pas été tentés de pousser leurs investigations de ce côté.

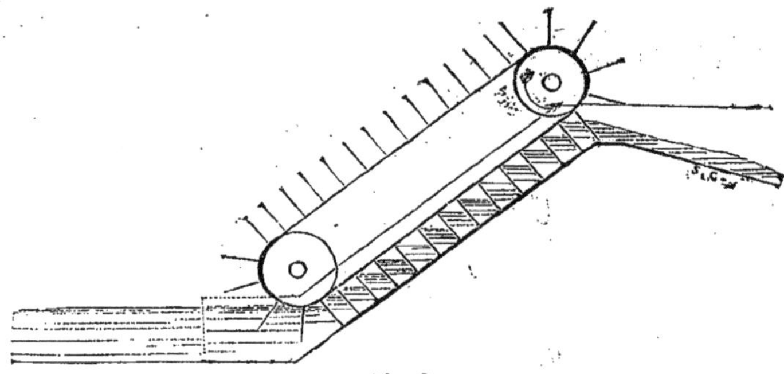

Fig. 2.

Le plus souvent le chapelet est incliné (voir la figure). La hauteur dont on élève l'eau n'est guère que de $2^m.00$; au delà, la perte de travail augmente dans une rapide proportion.

L'auge où circulent les palettes est en bois; tout autour des palettes existe un jeu de $0^m.005$ à $0^m.007$, ce qui conduirait à construire l'auge de manière que le périmètre fût un minimum par rapport à une section donnée. Ordinairement la hauteur h de l'auge varie de $\frac{5}{6}$ à $\frac{2}{3}$ de sa largeur λ; l'écartement e des palettes est en général fixé à 1 fois ou 1 fois $\frac{1}{2}$ cette hauteur h.

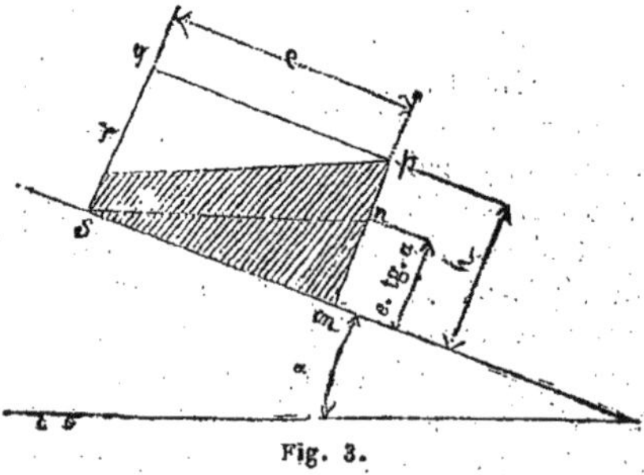

Fig. 3.

Soient H la différence de niveau dont on doit élever l'eau, L la longueur de l'auge, α son inclinaison sur l'horizontale, u la vitesse, et conséquemment $\frac{u}{e}$ le nombre de palettes qui passent par seconde, et Q le volume d'eau entraîné par chaque palette :

$$H = L.\sin.\alpha$$

$$Q = mprs.\lambda\frac{u}{e} = \lambda\frac{u}{e}[mns + nprs] = \lambda\frac{u}{e}\left[\frac{e^2.\text{tg}.\alpha}{2} + e(h - e.\text{tg}.\alpha)\right]$$

$$= \lambda.u\left[\quad - \frac{e.\text{tg}.\alpha}{2}\right]$$

$$QH = \lambda.u\left[h - \frac{e.\text{tg}.\alpha}{2}\right]L.\sin.\alpha,$$

expression dont on doit chercher le maximum, et qui pratiquement ne dépasse pas 40 pour 100 du travail moteur.

Le chapelet s'emploie parfois vertical ; il faut alors que le conduit dans lequel s'engagent les palettes soit rétréci à la partie inférieure, de manière à ne laisser que très-peu de jeu ; les palettes peuvent être rondes ou carrées, mais le rétrécissement doit être alésé.

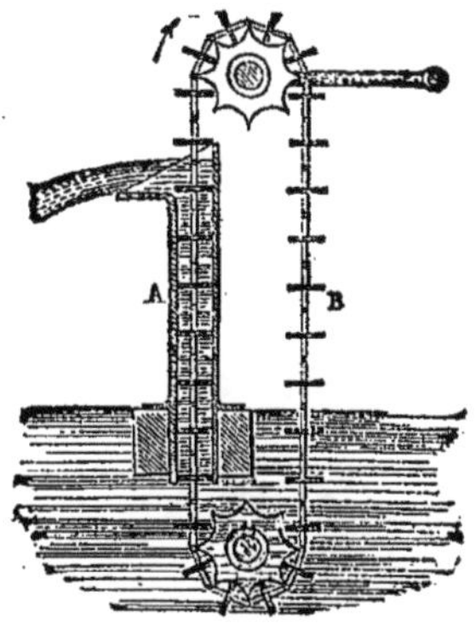

Fig. 4.

Le chapelet vertical donne la possibilité d'élever l'eau à une hauteur assez considérable ; toutefois, nous devons dire qu'alors l'effet utile diminue encore et tombe au dessous du chiffre ci-dessus.

III. — Les *norias* sont des engins plus perfectionnés, dont le travail produit est déjà de plus de 66 pour 100 pour une hauteur de 4 mètres, et augmente avec la hauteur de telle sorte qu'il peut atteindre 87 pour 100 dans certains cas. Cela est précieux, car on est souvent conduit à faire parcourir à l'eau un chemin vertical considérable qui nécessiterait l'emploi de pompes foulantes ou d'un système de pompes aspirantes superposées.

Un tambour se meut autour d'un axe horizontal à quelques décimètres au-dessus du niveau où il s'agit d'amener le liquide. L'axe reçoit le mouvement soit de bras d'hommes, soit d'un manége à chevaux, soit d'une locomobile ou d'un récepteur hydraulique. Sur ce tambour passe une chaîne à laquelle il communique son mouvement. A la chaîne sont attachés de distance en distance des godets en tôle ou en bois. La partie inférieure de la chaîne plonge de 20 à 50 centimètres au plus dans l'eau qu'on doit élever. Les godets s'immergent, ressortent pleins, remontent, maintenus verticaux par la chaîne, s'engagent sur le tambour, et, au moment où ils vont prendre une position horizontale, un système quelconque les force à basculer et à se vider dans un canal en bois ou en métal qui conduit le liquide au loin.

On a dû perfectionner successivement le mode d'attache des godets à la chaîne, la forme des godets, la disposition du tambour supérieur, le système qui fait basculer les godets. Il a fallu bien des modifications avant d'arriver à un moyen assez simple d'allonger la chaîne quand cela devient nécessaire, et d'ajouter un ou plusieurs godets. On a dû tâtonner avant de trouver soit le moment le plus favorable pour que le liquide commence à se déverser en dehors du godet, soit le moyen de se débarrasser de l'air emprisonné dans le godet à l'instant de son immersion, air qui l'empêche de s'emplir d'une manière complète.

Ces appareils ayant été travaillés de nouveau depuis quelques années, et étant amenés à un point notable de perfectionnement, ainsi que l'attestent les *norias* qui fonctionnent à l'Exposition universelle, nous en reparlerons en premier lieu quand nous en serons à l'examen des diverses machines exposées, et nous nous bornerons ici aux quelques détails qui précèdent.

IV. — Dès le temps des Romains, on avait inventé une roue servant à élever l'eau, et à laquelle on avait donné le nom de *tympan*. Vitruve en parle dans son livre *de Architectura*. Le tympan est encore en usage de nos jours, soit tel qu'il a été alors inventé, soit avec une construction perfectionnée.

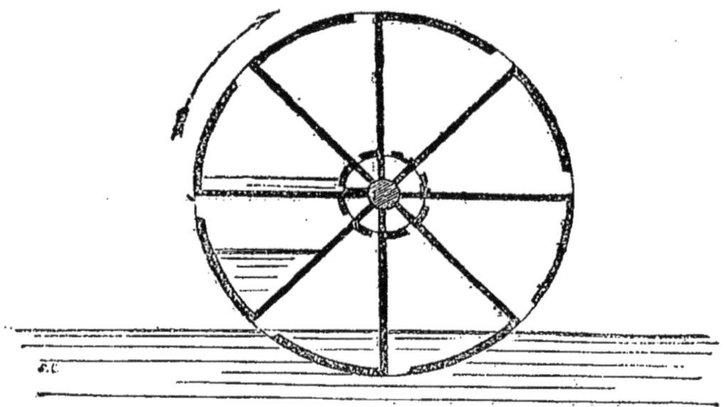

Fig. 5.

L'ancien tympan est une roue en bois, à jouées, divisée en six ou huit compartiments par des cloisons fixées sur les bras. Chacun de ces compartiments a une ouverture pratiquée immédiatement après la cloison du compartiment qui précède, ayant plusieurs centimètres suivant la circonférence, et dans le sens perpendiculaire, ayant toute la largeur entre les jouées. La partie centrale est percée d'un orifice autour de l'arbre. Le mouvement est transmis à l'arbre par un moteur quelconque animé ou inanimé.

Quand un compartiment s'immerge, l'eau y pénètre et y demeure emprisonnée quand il émerge. Dès que, par suite de la rotation, le niveau supérieur de l'eau arrive à hauteur de l'orifice central, cette eau s'échappe. On ne peut ainsi élever l'eau que d'une hauteur un peu inférieure au rayon du tympan, puisqu'il faut qu'une partie soit plongée dans le bief.

V. — On s'est servi pour construire le barrage du Pont-Neuf à Paris, et on se sert encore dans quelques travaux, du tympan à *développantes*. D'après la construction des cloisons, tous les centres de gravité des masses d'eau contenues dans les divers compartiments sont sur la même verticale tangente au cercle extérieur de l'orifice central, de sorte que le travail est presque constamment le même; de plus, la vitesse, très-grande à la circonférence, est presque nulle au centre, ce qui est avantageux pour l'échappement de l'eau. Malheureusement, pour une différence de niveau de 4m.00 seulement, il faut des tympans de 9m.00 à 10m.00 de diamètre.

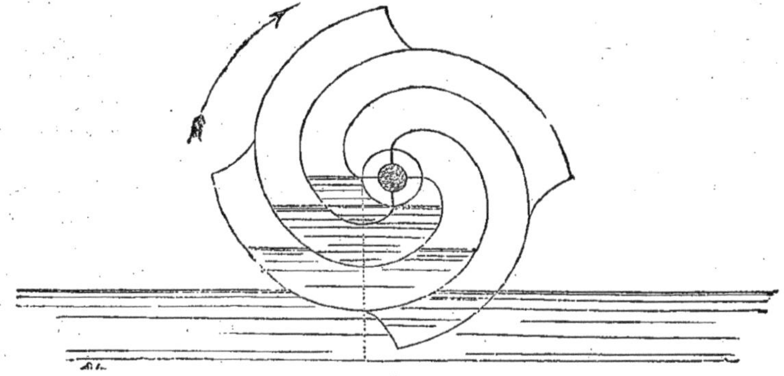

Fig. 6.

Au barrage du Pont-Neuf, la roue avait 6m.00 de diamètre, et on lui imprimait une vitesse de 2 tours 1/2 par minute, soit 0m.80 par seconde. Le rendement était d'à peu près 80 pour 100. La quantité d'eau élevée par minute n'a guère jamais dépassé 24 mètres cubes.

VI. — Les Hollandais emploient pour épuiser les eaux de leurs *polders* ou pour irriguer les terres de ces polders en culture, une *roue de côté* marchant *à l'envers*. Les palettes sont plates et forment un angle avec la direction du rayon en sens opposé au mouvement, afin que l'eau soit abandonnée à peu près sans vitesse, pour diminuer le travail perdu. La roue se meut dans un coursier fait avec soin, laissant peu de jeu, et qui l'emboîte sur $\frac{1}{4}$ ou $\frac{1}{5}$ de la circonférence. La vitesse ne doit pas être trop faible, afin que la perte de travail provenant du jeu entre la roue et le coursier ne devienne pas une fraction considérable du travail total. La forme des palettes permet précisément d'augmenter cette vitesse.

Cette roue est employée en France, notamment à Saint-Ouen.

Elle présente le même inconvénient que les tympans des divers systèmes, c'est de ne pouvoir élever l'eau à une hauteur un peu considérable qu'à condition d'avoir un énorme diamètre; elle n'est donc encore applicable que dans le cas où l'on n'a à racheter qu'une différence de niveau de 1m.50 à 3m.00.

VII. — MM. Laurens et Thomas ont appliqué à l'élévation de l'eau une *roue à godets* marchant dans le sens opposé à celui qu'elle suivrait si elle devait fonctionner comme moteur hydraulique. Leur but a été d'obtenir une plus grande différence de niveau entre le bief d'épuisement et le bief supérieur, où l'eau se déverse, sans accroître outre mesure les dimensions de leur machine.

L'eau, en effet, dans leur système, au lieu d'être abandonnée à la hauteur de l'arbre moteur, tombe des godets soit dans deux caniveaux, soit dans quatre caniveaux superposés deux à deux, établis vers la partie supérieure de la roue, un peu au-dessous du niveau où l'eau commence à se déverser, et symétriquement disposés de chaque côté de la roue. Planche XXIII, fig. 3 et 4.

Cet engin a un bon rendement et est utilement applicable dans plusieurs cas, parce qu'il permet l'épuisement dans des conditions de différence de niveau à racheter qui nécessiteraient des roues hollandaises ou des tympans de dimensions colossales.

VIII. — On a jadis beaucoup employé, pour faire monter l'eau à des distances très-grandes au-dessus de son niveau initial, une machine à laquelle on avait donné le nom de *bélier hydraulique*, et dont l'invention était due à Montgolfier, vers la fin du siècle dernier. En voici la description sommaire :

Du fond du bief dont l'eau doit être élevée part une conduite dont l'orifice est à une certaine profondeur au-dessous du niveau de l'eau ; cette conduite porte en l'un de ses points une soupape dont la densité est le double environ de celle de l'eau, et le diamètre un peu supérieur à celui du tuyau ; ce tuyau est terminé par une partie hémisphérique munie de deux soupapes par lesquelles il communique avec un réservoir d'air d'où part le tube ascensionnel.

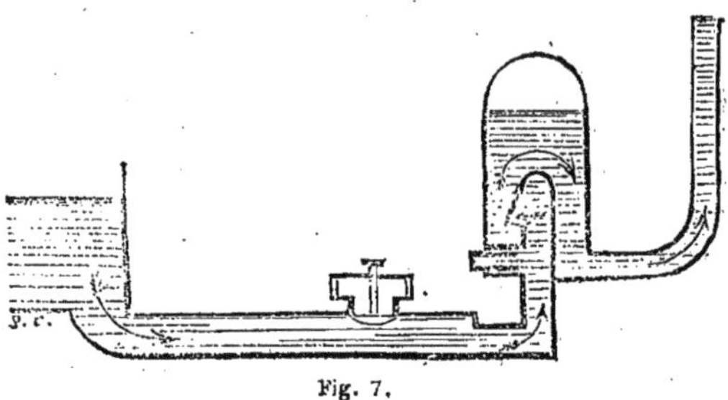

Fig. 7.

L'eau se précipite hors du bief, la soupape inférieure est abaissée, l'eau s'écoule par l'orifice qu'elle laisse libre. Peu à peu la vitesse augmente, la soupape est soulevée, puis fermée avant que la vitesse ait atteint son maximum ; l'eau est alors poussée en avant, elle s'élance, remonte à l'extrémité, fait, par un choc ou *coup de bélier*, ouvrir les soupapes du récipient ou réservoir d'air, et, se précipitant dans ce réservoir, refoule dans le tube ascensionnel l'eau qui s'y trouvait déjà. Au bout d'un instant, il y a réaction des parois métalliques comprimées, les soupapes supérieures se referment, la vitesse de l'eau devient presque nulle et la soupape inférieure retombe et se rouvre. Derechef l'eau s'échappe par ce chemin, les mêmes phénomènes que nous venons de décrire se reproduisent, et ainsi de suite périodiquement. Le conduit ascensionnel peut avoir une grande hauteur ; d'après des expériences faites, un bélier élevant l'eau à $60^{m}.00$ rendait 67 pour 100 de travail utile ; un autre, ne l'élevant qu'à $5^{m}.00$, donnait un rendement de 63 pour 100. Cependant les pertes de travail augmentent avec la hauteur, et M. Péclet cite un rendement de 90 pour 100 pour une hauteur, il est vrai, assez faible.

L'air n'agit, dans le réservoir, que comme régulateur du mouvement d'écoulement. Il est inutile de dire qu'un tuyau de décharge permet à l'eau qui sort par la soupape inférieure de s'échapper hors de la cage où est établi le bélier.

Cette machine présente deux inconvénients sérieux : d'abord un bruit très-fort et très-incommode ; en second lieu, des chocs tellement violents que la construction doit être d'une extrême solidité sous peine de se trouver complétement disloquée en peu de temps. Néanmoins quelques constructeurs de province ont perfectionné les installations et ont réussi à faire monter l'eau sur des collines élevées, pour des irrigations, sans que le prix de revient ait été trop considérable ou les réparations d'entretien trop onéreuses.

IX. — Nous ne ferons pas ici la théorie des *pompes*. Chacun sait que si on produit le vide dans un tube plongeant dans un liquide dont la surface communique avec l'air ambiant, le liquide s'élèvera dans le tube jusqu'à ce qu'il atteigne une hauteur telle que la pression à la partie inférieure contrebalance la pression atmosphérique. En faisant le vide dans un cylindre, à l'aide d'un piston, on peut faire monter l'eau, non pas jusqu'à la hauteur théorique de 10m.33, mais jusqu'à 8m.00, 8m.50 ou 9m.00, suivant le degré de perfection des appareils. Il est impossible de produire un vide absolu.

Le moyen que nous venons d'indiquer pour produire le vide dans le tube ascensionnel, moyen qui a été pendant longtemps le seul employé, a été depuis quelques années modifié par un très-grand nombre de constructeurs. L'Exposition de Billancourt et celle du Champ de Mars renferment un grand nombre de modèles que nous aurons à examiner par la suite. Pour le moment, nous nous contenterons de donner la nomenclature des principales espèces de pompes employées aujourd'hui dans l'industrie et dans l'agriculture.

Au point de vue du mode de fonctionnement de leurs organes essentiels, on peut partager ces appareils en pompes à piston et pompes rotatives.

Les premières peuvent être :

Aspirantes et élévatoires à piston creux;
Aspirantes et foulantes à piston plein;
A simple effet;
A double effet;
A un seul corps de pompe;
A plusieurs corps de pompe;
Enfin d'un des systèmes dits « sans limite ».

Les secondes comprennent :

Les pompes rotatives proprement dites, ou à piston tournant,
Et les pompes à force centrifuge.

Toutes ces pompes sont employées dans un grand nombre de circonstances. On peut citer leur application à l'économie domestique, à l'agriculture pour les irrigations et la distribution des engrais liquides, à l'alimentation des villes et des établissements industriels, aux épuisements et aux travaux de mines, à l'extinction des incendies, etc. Dans chaque cas particulier, elles doivent remplir des conditions spéciales, comme mode de fonctionnement et comme système de construction. C'est à ce double point de vue que nous examinerons celles qui sont exposées au Palais du Champ de Mars et dans ses annexes.

Nous devons exprimer ici un regret ; c'est que la plupart des modèles exposés ne sont pas démontés, ils ne sont pas accompagnés de dessins explicatifs, et, comme aucun agent ne se trouve sur place pour donner les renseignements qu'il y aurait lieu de demander, nous avons été plusieurs fois obligés de renoncer à la description d'appareils qui peut-être auraient mérité de figurer dans cette étude que nous ferons cependant aussi complète que possible.

Nous examinerons d'abord les engins autres que les pompes, ce qui formera un chapitre, nécessairement peu développé. Ensuite nous aborderons l'étude des pompes de divers systèmes.

II

Machines et appareils autres que les pompes.

I. — *Norias.*

L'exposition de l'île de Billancourt présente un certain nombre de machines élever l'eau. Ce n'est pas que ces appareils soient destinés exclusivement épuisements et irrigations des exploitations agricoles, mais ils trouvent dans des travaux de cette nature une application utile, et de plus, à Billancourt, ils sont établis sur les bords de la Seine et fonctionnent ainsi sous les yeux du public qui peut mieux juger de leur valeur.

Nous nous occuperons d'abord d'une noria exposée par M. Saint-Romas, de Paris, qui présente plusieurs dispositions heureuses dans sa construction (voir pl. XXIV).

On sait que les noria ordinaires se composent d'une chaîne à godets enroulée sur deux tambours, l'un extérieur, manœuvré par un treuil, et l'autre placé dans l'eau, au fond de la fosse où est installé l'appareil. Ce second tambour est destiné à guider la chaîne dans son mouvement et à forcer les godets à entrer dans l'eau verticalement malgré la résistance de l'air qu'ils renferment. Dans la noria Saint-Romas, on a cherché à supprimer le tambour inférieur pour simplifier la construction de la machine et diminuer les résistances passives; pour cela il a fallu modifier les augets, afin de les faire entrer verticalement dans l'eau par leur propre poids. On est arrivé à ce résultat en ajoutant aux augets un double tube ou siphon, représenté fig. 4 et 5 (pl. XXIV). L'inspection de la figure fait voir qu'au moment de l'immersion l'air enfermé dans le godet s'échappe par le tube central du siphon et ne produit plus de résistance nuisible. Quand l'auget est rempli d'eau et remonte, le niveau s'y établit à la hauteur du tube central; on a soin de percer dans le couvercle du siphon deux petits trous qui permettent à la pression atmosphérique de s'exercer dans le tube dès que l'auget commence à sortir. Une disposition analogue a déjà été employée par M. Buzetil dans la construction d'une noria que possède le Conservatoire des arts et métiers.

Les godets sont en tôle et de la forme indiquée fig. 4 et 5. Leur contenance est variable et peut aller jusqu'à 25 ou 30 litres. Ils portent au milieu de leur hauteur un boulon de suspension longitudinal (voir fig. 2, 3). Les boulons s'articulent par leurs extrémités à des tiges en fer à section méplate qui réunissent les godets deux à deux. Pour donner à la chaîne une certaine rigidité, les boulons de suspension sont de plus réunis deux à deux par une lame de fer ou d'acier dont les extrémités s'enroulent librement sur les boulons, et qui se fixe par une goupille à un piton que porte l'auget.

Le tambour placé à la partie supérieure de la fosse, et sur lequel s'enroule la chaîne, est triangulaire (voir fig. 1, 2, 3). Il se compose de deux flasques en fonte calées aux extrémités d'un arbre et réunies entre elles par trois entretoises. Trois ressorts à lames sont fixés par leur milieu sur l'arbre et occupent toute la longueur du tambour; ils ont leurs deux extrémités libres et seulement guidées dans leur mouvement par des goujons que porte l'arbre. La flexion des ressorts, qui se règle par les écrous des goujons, est destinée à amortir les trépidations de la chaîne.

L'arbre du tambour porte une roue d'engrenage menée par un pignon calé sur un second arbre parallèle. Deux roues à rochet et à cliquets maintiennent l'appareil en repos au moment des arrêts. Le tout est porté par un bâti en bois qui repose sur des traverses à l'orifice de la fosse.

Lorsqu'un godet plein arrive au treuil, les tiges d'articulation s'appuient d'abord sur un des ressorts, en le faisant fléchir, et arrivent ainsi sans choc à se placer sur deux entretoises du tambour, dont l'intervalle est convenablement déterminé; à l'endroit où les tiges méplates doivent s'appuyer, les entretoises portent soudés des appendices aplatis (fig. 3). La lame réunissant les boulons en leur milieu empêche le godet de basculer sur son axe et le force à suivre le mouvement du tambour pour se déverser dans la bâche destinée à recevoir l'eau.

Plusieurs perfectionnements ont été apportés à la machine. Dans les premiers appareils construits, la rigidité était obtenue au moyen de crochets fixés sur les augets et réunis par des tiges; cette disposition avait l'inconvénient, lorsqu'on rencontrait un obstacle au fond de la fosse, d'accrocher les godets descendants aux godets montants et de causer ainsi des accidents; elle a été remplacée avec avantage par les lames réunissant les boulons dont il a été parlé plus haut. On avait aussi employé pour le tambour des ressorts à boudin; les ressorts à lames ont donné de meilleurs résultats.

Le mouvement est imprimé à l'arbre du pignon, soit par des manivelles mues à bras, soit, lorsque la quantité d'eau à élever est plus considérable, par un moteur inanimé (une locomobile, par exemple). Un volant, placé sur l'arbre du pignon, régularise le mouvement.

Lorsque, par suite d'un approfondissement de la fosse, la chaîne a une longueur trop faible, on ajoute, par une manœuvre assez simple, un certain nombre de godets. A l'origine, on se contentait de ce moyen, mais il se présentait un inconvénient : la chaîne pouvait devenir trop longue et les godets raclaient alors le fond de la fosse en produisant un véritable dragage. Dans les nouveaux appareils, le bâti en bois du treuil est placé sur un second bâti par l'intermédiaire de quatre verrins ou vis de rappel (fig. 1, 2, 3) qui permettent de relever le treuil d'une quantité suffisante pour que les augets ne touchent plus le fond.

Cette noria a été employée pour élever l'eau jusqu'à une hauteur de 12 ou 15 mètres. Dans ces limites, elle a sur les pompes l'avantage que possèdent toutes les norias, c'est-à-dire un plus grand rendement et la possibilité d'élever des eaux bourbeuses ou chargées de sable qui obstrueraient les soupapes des pompes. De plus, elle constitue un perfectionnement réel des norias ordinaires. Elle a un rendement supérieur, ainsi qu'il résulte des expériences relatées plus loin, et, au point de vue pratique, elle est plus simple, moins coûteuse de construction, plus facile à installer et à réparer.

Des expériences ont été faites sur une machine de cette espèce par M. Tresca, sous-directeur du Conservatoire des arts et métiers, en décembre 1865. C'est dans le procès-verbal de M. Tresca que nous avons puisé les chiffres qui suivent. Dans une première série d'expériences, on a déterminé le rapport du débit des augets à leur capacité. L'eau était reçue dans un réservoir rectangulaire de dimensions connues. On mesurait la hauteur d'eau recueillie au bout de deux ou trois cents tours de manivelle; on connaissait le nombre de godets passés dans le même temps, ce qui donnait le débit de chaque auget. On a ainsi trouvé que des godets, ayant dans la machine essayée une capacité de $7^{lit}.58$, débitaient $7^{lit}.40$. Ils arrivaient donc sensiblement pleins, et la perte au moment du déversement peut être considérée comme à peu près insignifiante.

Dans les expériences de rendement, la hauteur d'élévation totale comptée depuis le niveau de l'eau jusqu'au-dessous de l'auget supérieur était de $9^{m}.10$, mais au point de vue du travail utile, il faut en retrancher $0^{m}.52$ pour tenir compte du niveau de l'eau dans le réservoir supérieur, ce qui réduit la hauteur réellement utilisée à $8^{m}.58$.

Une manivelle dynamométrique était calée sur l'arbre moteur pour évaluer le travail développé. Le ressort employé fléchissait de 1 millimètre pour un effort de la manivelle de $1^{k}.21$; le rayon de la manivelle était $r = 0^{m}.354$, et, par suite, la circonférence décrite $C = 2^{m}.223$. Le tableau suivant indique les conditions et les résultats de sept expériences.

NUMÉROS des expériences.	NOMBRE de tours par minute.	MANIVELLE DYNAMOMÉTRIQUE. ORDONNÉE moyenne des diagrammes.	EFFORT moyen mesuré.	TRAVAIL correspondant par seconde	TRAVAIL mesuré en eau élevée par seconde.	RENDEMENT.	VITESSE moyenne par seconde de la chaîne à godets.	OBSERVATIONS.
		millim.	kilogr.	kilogram.	kilogram.		mètres.	Hommes à la manivelle.
8	42	13.40	16.214	25.23	21.879	0.867	0.125	1
9	44	14.20	17.180	27.88	22.910	0.820	0.130	1
3	46	14.90	18.029	30.46	23.938	0.780	0.137	2
5	48	14.40	17.424	30.99	25.000	0.806	0.143	2
4	50	13.90	16.819	31.15	25.997	0.830	0.149	2
7	50	14.08	17.037	32.55	25.997	0.824	0.149	1
6	60	15.50	18.755	41.69	31.257	0.749	0.179	1 homme pendant 30 minutes.
moyennes.	48.6					0.811	0.145	

Il résulte de l'inspection de ce tableau :

1° Que le rendement, c'est-à-dire le rapport entre le travail dépensé et le travail utilisé en eau élevée, a été en moyenne de 0.811.

2° Que ce rendement s'est élevé au-dessus de ce chiffre et jusqu'à 0.867 pour les vitesses les plus faibles.

Il y a donc avantage pour de grands débits à employer des godets de grande capacité plutôt que d'augmenter la vitesse.

Un certain nombre de ces appareils sont employés par l'administration des ponts et chaussées pour les épuisements des égouts en construction à Paris. Deux d'entre eux, donnant environ 800 litres par minute à une hauteur de 11 mètres, ont fonctionné d'une façon satisfaisante et sans réparations pendant neuf mois dans des eaux vaseuses. Plusieurs sont établis en Espagne dans des exploitations agricoles.

côté de la noria Saint-Romas, nous citerons celle exposée par M. Santerre-Taconet, de Guise (Aisne). Ce constructeur a supprimé également le tambour inférieur, et la chaîne plonge librement dans l'eau, mais il n'a pas pris de précautions spéciales pour assurer le remplissage parfait des godets, et, pour que cette condition soit remplie, la chaîne doit entrer dans l'eau assez profondément. Les godets sont en tôle, cylindriques, d'une capacité d'environ 2 litres et demi; le treuil est formé de deux flasques en tôle entretoisées, portant le tambour sur lequel s'enroule la chaîne; ce tambour est mené par une roue d'engrenage et un pignon supporté également par le bâti; l'appareil est muni d'un encliquetage et d'un volant. Cette machine est d'une construction solide et prend peu de place, elle peut être employée avantageusement pour élever une petite quantité d'eau d'une grande profondeur; par exemple, un homme peut monter 2000 à 3000 litres à l'heure d'une profondeur de 30 mètres.

Nous avons vu au Champ de Mars quelques autres norias, entre autres celle de MM. Pfeiffer, de Barcelone, qui est menée par un manége et dans laquelle le rouet inférieur est aussi supprimé, mais elles ne nous ont pas paru présenter de particularités remarquables dans leur construction.

DES DIVERS APPAREILS

SERVANT A ÉLEVER L'EAU

POUR ALIMENTATIONS, IRRIGATIONS ET ÉPUISEMENTS

PAR MM. **CHAUVEAU DES ROCHES** ET **BELIN**, ingénieurs civils.
anciens Élèves de l'École Centrale.

II. — *Écopes.*

Le baquetage à bras est employé souvent pour des épuisements de peu de durée et qui doivent être faits tout de suite. Il s'exécute quelquefois à l'aide de seaux ou baquets manœuvrés directement par des hommes; mais l'effet utile est alors très-faible.

L'écope hollandaise, sorte de grand vase oscillant autour d'un axe horizontal, et mû par des hommes agissant sur un balancier, ou par un moteur inanimé, donne des résultats très-satisfaisants comme utilisation du travail, à condition qu'on élève de grands volumes d'eau à de très-petites hauteurs.

La romaine-écope de M. Raveneau, de Paris, permet d'élever l'eau en petite quantité à la fois et à une plus grande hauteur. Elle consiste en une tige en bois qui peut avoir jusqu'à 3 mètres environ de longueur, oscillant vers le milieu autour d'un axe horizontal; l'une des extrémités porte une espèce de godet en tôle de forme évasée et aplatie pour entrer dans l'eau sans grande résistance; un ou deux hommes, montés sur des tréteaux, saisissent l'extrémité libre munie de poignées et impriment à la tige un mouvement d'oscillation de façon à faire entrer le godet dans l'eau de la fosse et à relever ensuite la tige verticalement pour vider l'écope dans un récipient supérieur. Des ressorts disposés sur le support servent à amortir les chocs et aussi à régulariser le travail. Cette machine est simple et peu coûteuse; elle peut s'employer pour épuiser l'eau d'une fosse peu profonde; l'installation en est facile.

M. Raveneau construit aussi un modèle d'écope automobile, dans laquelle une partie de l'eau est dépensée pour en élever une autre portion par un mouvement de bascule; mais cette disposition est peu pratique et nous ne nous y arrêterons pas.

III. — *Chapelets.*

Chaîne-pompe de M. Bastier, de Londres (Pl. 183). C'est un chapelet vertical construit avec soin et dont le rendement dépasse celui des appareils ordinaires de cette espèce. Un long tuyau vertical en fonte règne sur toute la hauteur du puits et descend un peu plus bas que le niveau de l'eau. Une chaîne sans fin, en fer, portant des palettes espacées à égale distance, circule dans le tuyau de bas en haut et s'enroule à la partie supérieure, en dehors du puits, sur une roue à laquelle un moteur quelconque imprime un mouvement de rotation dans le sens convenable. Les palettes portent une garniture formée d'une rondelle en cuir serrée entre deux plaques de tôle, rondelle dont le diamètre est un peu plus faible que le diamètre du tuyau, de façon à laisser du jeu. La partie inférieure du tuyau est seule alésée au diamètre des rondelles qui remplissent en ce point le rôle de pistons. Cette disposition a pour but de diminuer les pertes d'eau sans produire un frottement très-considérable. Le tube se termine en haut par une bâche d'où l'eau élevée peut s'écouler. La poulie motrice, sur laquelle la chaîne doit arriver tangentiellement, porte une gorge qui embrasse les maillons de la chaîne ; la circonférence de cette poulie, qui dans le modèle exposé a environ 1 mètre de diamètre, doit représenter un nombre exact de fois la distance entre deux rondelles, et des évidements sont ménagés dans la gorge pour recevoir lesdites rondelles, ce qui empêche le glissement de la chaîne.

Cette chaîne est assez pesante pour n'avoir besoin à la partie inférieure du tuyau que d'une petite poulie-guide.

La vitesse de rotation de la roue est d'au moins 30 ou 40 tours par minute et peut aller jusqu'à 100 tours, ce qui correspond à une vitesse de chaîne de $1^m.50$ à 5^m par seconde. Quoi qu'en dise l'inventeur, nous pensons qu'une grande vitesse est défavorable au rendement de l'appareil, d'abord parce que les frottements de l'eau contre les parois et les rondelles augmentent, et ensuite parce que l'eau arrive en haut avec une vitesse inutile.

Cette machine est employée en Angleterre pour les mines et donne de bons résultats. Théoriquement elle peut s'adapter à toutes les hauteurs ; mais pour de très-grandes profondeurs, l'effet utile diminue certainement. Le constructeur garantit un rendement de 80 à 90 p. 100, chiffre que nous donnons sous toutes réserves, n'ayant pu le vérifier.

IV. — *Appareils divers.*

Propulseur hydraulique de M. Durozoi, de Paris. M. Durozoi a donné ce nom à une machine simple et rustique qui remplace avantageusement une pompe dans certains cas. Le tuyau d'ascension est terminé à la partie inférieure par un cylindre fixe d'un diamètre assez grand et noyé au fond du puits ou de la fosse; un petit godet ou vase puiseur, fixé à trois tringles verticales mobiles disposées autour du cylindre, peut recevoir un mouvement alternatif par l'intermédiaire de ces tringles et au moyen d'un levier quelconque à main placé en haut du puits. A chaque coup, le vase puiseur s'emplit et pousse la colonne d'eau du tuyau d'ascension, colonne d'eau qui ne peut plus retomber dans le puits et dont une partie est expulsée au dehors. L'appareil peut être simple ou double et la disposition des leviers de manœuvre varie à volonté. Il s'adapte à toutes les profondeurs, puisqu'il n'y a pas aspiration, mais il est clair qu'on ne pourrait pas donner sans inconvénient une très-grande longueur aux tringles de transmission. La machine est facile à ajuster, elle peut élever des eaux bourbeuses et se dérange rarement ; on l'emploie dans des usines à gaz pour le puisement des goudrons de houille, dans des tanneries, dans des irrigations avec les engrais liquides.

Pompe conique sans piston ni soupape, de M. Caligny. M. Caligny est l'auteur d'expériences et de théories fort curieuses sur certains mouvements oscillatoires de l'eau dans les conduites. Il a inventé un grand nombre d'appareils destinés à utiliser les chutes d'eau comme machines élévatoires. Nous ne nous en occuperons pas ici[1] et nous mentionnerons seulement, à titre de curiosité, car l'instrument ne nous paraît pas très-pratique, ce qu'il appelle une pompe sans piston ni soupapes. C'est un simple tuyau en tôle ou en zinc de 4 mètres de long, cylindrique sur la moitié de sa longueur en haut et conique par le bas, les diamètres étant de 0m.13 dans la partie cylindrique et de 0m.36 à la base inférieure du cône. Un mouvement vertical alternatif imprimé à cet appareil détermine dans le liquide où il plonge des oscillations particulières qui produisent son ascension jusqu'en haut du tube, où on peut le recueillir; il faut une certaine habitude pour arriver à ce résultat. Il serait trop long d'exposer la théorie de cet instrument, qui se trouve dans le *Journal de mathématiques* de M. Liouville (1867).

Élévateur autodynamique de M. Champsaur, de Marseille (Pl. 183).—Cet appareil est une véritable fontaine de Héron rendue automatique par une disposition ingénieuse de flotteurs et de soupapes.

L'eau arrive par un tuyau e dans une cuvette C et de là par le tube m dans un récipient fermé A. Un flotteur g placé dans ce récipient et portant une soupape d est lesté de façon à avoir un poids égal au poids d'eau qu'il déplace; par conséquent il perd son poids dans l'eau, mais ne change pas de position. Le niveau en s'élevant atteint dans la cuvette C le flotteur f qui, étant relié au flotteur g, soulève ce dernier et ferme la soupape d. Arrivée à la hauteur k, l'eau s'écoule par le tuyau ki qui la dirige dans un second récipient fermé B, placé au niveau le plus bas dont on puisse disposer. A mesure que ce récipient B s'emplit, l'air qu'il contient se comprime et par l'intermédiaire du tube sp force l'eau restée en A à s'élever dans le tuyau d'ascension rq. Quand le niveau du liquide est descendu en r, l'air comprimé s'échappe par le même tuyau d'ascension, la pression atmosphérique se rétablit dans les deux récipients, le flotteur g retombe en ouvrant la soupape d et l'eau recommence à emplir le récipient A.

Il faut que pendant ce temps le récipient B se soit vidé; à cet effet est attaché à la tige de la soupape de vidange l un flotteur o, dont la force ascensionnelle est suffisante pour faire ouvrir cette soupape quand la charge ne dépasse pas une colonne d'eau de la hauteur du récipient. Tant que l'air est comprimé par la colonne d'eau ki, la soupape l reste donc fermée; mais dès que la pression atmosphérique se rétablit, le flotteur o se lève et le liquide s'écoule. Il faut que la soupape l reste ouverte jusqu'à vidange complète, et, pour arriver à ce résultat, l'eau est reçue dans un système de vases concentriques tu, xz, terminés par un tuyau de sortie y. Le vase intérieur a un orifice v, de débit trop faible pour la quantité d'eau qui sort; le liquide soulève alors le flotteur n, qui maintient par sa tige la soupape ouverte, et la fermeture n'a lieu que lorsque le récipient B s'est vidé complétement.

On voit que l'eau sera ainsi élevée d'une manière intermittente dans le tuyau d'ascension rq, si les différentes parties de l'appareil ont des dimensions relatives convenables. Il est facile de se rendre compte de l'effet utile *limite* de cette machine. Appelons Q la quantité d'eau qui arrive par le tuyau e; H la hauteur du niveau de la cuvette C au-dessus du niveau du récipient B; H' la hauteur d'ascension au-dessus du niveau du récipient A; V et V' les volumes disponibles

1. Voir dans les *Annales du Génie civil* de 1866, page 693, l'analyse d'un travail sur un système d'écluses de navigation, présenté par M. de Caligny à l'Académie des sciences.

des deux récipients B et A. Il est clair que H' ne peut pas dépasser H et qu'il lui est même un peu inférieur. De plus, en appliquant la loi de Mariotte, on a :

$$\frac{V}{V'} = \frac{H' + 10^m.33}{H + 10^m.33}.$$

Si H' = H, on a V = V' ; mais H' étant plus petit que H, V est un peu inférieur à V'. V est le volume d'eau élevé, V' est le volume d'eau dépensé, et leur somme est égale à Q ; donc la quantité d'eau élevée est toujours un peu plus faible que la moitié de la quantité d'eau dont on dispose.

Quant au rendement dynamique de l'appareil, il est certainement très-grand, la perte de hauteur d'eau étant seulement égale à celle de la cuvette et les résistances faibles, puisqu'elles se réduisent à celles des soupapes et aux frottements de l'eau.

En somme, malgré la longue description qu'il exige pour être compris, l'élévateur autodynamique est très-simple, et lorsqu'on a affaire à des eaux limpides il n'exige qu'un entretien insignifiant. Il peut rendre des services dans quelques cas particuliers : par exemple, dans une distribution d'eau de ville, le niveau arrivant jusque vers le milieu de la hauteur d'une maison, on pourrait élever environ la moitié de la quantité d'eau concédée aux étages supérieurs, la seconde moitié n'étant pas tout à fait perdue, puisqu'elle serait disponible au rez-de-chaussée ; c'est ce qui a été réalisé à Marseille avec succès. Les dispositions de l'appareil peuvent changer suivant les circonstances, et l'inventeur annonce qu'au moyen d'une petite modification, on pourrait l'employer pour élever d'autres liquides, sans les mélanger à l'eau motrice.

La description des béliers hydrauliques de l'Exposition pourrait être placée ici, mais ils sont traités dans une autre partie de ces *Études*, par un de nos collaborateurs, très-compétent, chargé de la question des récepteurs hydrauliques.

III

Pompes proprement dites.

Sous ce titre, nous comprendrons toutes les pompes à piston à mouvement alternatif, à simple ou à double effet, à bras ou à moteur inanimé. Réservant pour la fin du chapitre les pompes à incendie, qui peuvent être groupées ensemble, et les pompes dites « sans limite, » nous examinerons un certain nombre de modèles des principaux constructeurs, sans nous astreindre à un ordre suivi, une classification simple étant fort difficile.

I. *Pompes ordinaires.*

Pompes à vapeur de M. Thomas Scott, de Rouen. — Les machines installées sur la berge de la Seine pour le service de l'Exposition, par M. Scott, sont au nombre de deux. Chacune d'elles comprend deux pompes verticales, à piston plongeur, dont les tiges sont attelées à un balancier et marchent en sens inverse. Le moteur à vapeur du type Woolf, à deux cylindres, agit à l'une des extrémités du balancier, l'autre extrémité portant la bielle d'un volant commun aux deux machines. Le support du balancier est une colonne en fonte creuse qui remplit en même temps l'office de réservoir d'air.

Le système de moteur se prête bien, par la lenteur et la régularité de ses mouvements, à la manœuvre de grandes pompes. L'ensemble est élégant et la marche majestueuse, comme il convient aux machines de cette forme; mais nous n'oserions pas affirmer que, par un usage prolongé, le fonctionnement serait toujours satisfaisant. De telles installations exigent une construction très-soignée et un montage parfait.

Pompes à vapeur de MM. Carrett, Marshall et Cie, de Leeds (Angleterre) (Pl. 183). — Ces machines sont constituées par la réunion sur un même bâti d'un moteur à vapeur et d'une pompe aspirante et foulante, à piston plongeur. L'un des types exposés, celui que nous reproduisons, et qui peut élever 10 mètres cubes à l'heure à la hauteur de 30 mètres, se compose d'un cylindre à vapeur vertical placé à la partie supérieure du bâti et faisant tourner un arbre muni d'un volant qui, au moyen d'une manivelle, commande le piston plongeur. Le bâti est monté sur la bâche à eau qui contient des réservoirs d'air pour l'aspiration et pour le refoulement. Si la machine à vapeur est alimentée par une chaudière spéciale, on peut ajouter une petite pompe foulante (indiquée sur le devant de la figure) pour le service de la chaudière. Tous les organes sont bien groupés, de telle façon que la machine prend peu de place en plan, ce qui rend son installation facile.

Dans un autre modèle, plus petit, le piston à vapeur et le plongeur ont une tige commune, seulement interrompue par un cadre pour la place de la manivelle qui fait tourner le volant; les réservoirs d'air sont ménagés dans les colonnes du bâti.

Ces dispositions ne s'appliquent qu'au cas où l'aspiration ne dépasse pas 7 ou 8 mètres. Pour de plus grandes hauteurs, il faut séparer le moteur de la pompe en descendant celle-ci dans le puits.

Pompe à vapeur de M. Earle, de Springfield (Massachusetts, États-Unis) (Pl. 183). — Nous sommes ici en présence d'une machine intéressante par sa simplicité de construction et son originalité tout américaine. Le piston à vapeur et le piston à eau, tous deux horizontaux, sont reliés par une tige commune; le tiroir de distribution consiste en un simple cylindre en fonte parfaitement équilibré, et qui laisse passer la vapeur alternativement sur les deux faces du piston moteur. La tige de ce dernier porte un appendice vertical, qui vient buter à l'extrémité de chaque course contre des taquets placés sur la tige du tiroir, dont le mouvement intermittent se trouve ainsi très-simplement commandé par le moteur.

La disposition particulière du tiroir évite l'emploi d'un volant et de tout organe tournant, la machine ne présentant pas de points morts; il suffit d'ouvrir le robinet d'admission pour que l'appareil se mette de lui-même en marche. Ajoutons que les pièces sont bien disposées pour une visite facile, et que la construction de la boîte à eau permet de changer les soupapes à volonté; les pistons sont à garniture métallique; enfin un réservoir d'air surmonte le cylindre à eau et est destiné à régulariser l'ascension.

Cette pompe est certainement très-remarquable : simplicité, faible poids et par suite bas prix, facilité de marche, aptitude à se prêter à des vitesses variables (la vitesse faible est cependant toujours favorable au rendement, et on ne doit l'augmenter qu'accidentellement); tels sont les principaux avantages qui la recommandent à l'attention des ingénieurs.

Pompe à vapeur des Forges et Chantiers de l'Océan — Après la machine Earle, nous mentionnerons une pompe de cale (quoiqu'elle se rattache plutôt aux machines marines), à cause de la disposition heureuse qui supprime tout volant ou pièce tournante, d'où construction très-simple et faible poids. Deux cylindres à vapeur horizontaux agissent directement sur deux cylindres à eau, les pistons étant reliés par des tiges communes. Un des pistons à vapeur est toujours au milieu de sa course, tandis que l'autre est à l'extrémité de la sienne; d'où il résulte que les deux pistons commandent réciproquement leurs tiroirs, sans l'intermédiaire d'excentriques ni autres pièces analogues; on obtient de plus une certaine régularité de marche. La machine exposée à la vitesse de 100 coups doubles par minute peut élever 600 mètres cubes d'eau à l'heure à la hauteur de 15 mètres; c'est, on le voit, un puissant engin.

Pompes à vapeur de MM. Farcot. — Nous choisirons d'abord parmi les modèles de ces constructeurs la machine établie pour une distribution d'eau à Angers (Pl. 183). C'est une pompe verticale, dont le piston est relié directement au piston d'un cylindre à vapeur H placé en contre-haut. Nous avons supprimé sur la figure la machine à vapeur dont la puissance nominale, en travail disponible sur l'arbre du volant, est de 45 chevaux, et qui donne en marche ordinaire, à la vitesse de 16 tours par minute, un travail effectif, en eau élevée, de 39 chevaux.

La pompe A est à simple effet à l'aspiration et à double effet au refoulement. Ce résultat est obtenu au moyen d'un piston double avec une seule tige; la partie inférieure est un piston creux à clapets (diamètre, $0^{m}.48$), et la partie supérieure, un piston plongeur de diamètre plus petit ($0^{m}.35$). La course commune est de $1^{m}.20$. Dans le mouvement descendant, l'eau traverse le piston inférieur et est refoulée par le plongeur; pendant l'ascension, il y a aspiration et en même temps refoulement d'un volume d'eau qui dépend de la différence de surface des deux pistons. Le rapport entre ces deux surfaces est calculé, eu égard aux hauteurs d'aspiration et de refoulement, de manière à produire un travail à peu près égal à la montée et à la descente. Les autres parties intéressantes de l'appareil sont : un réservoir d'air B placé sur la conduite d'aspiration C; une soupape D qu'on peut fermer à volonté ; un réservoir d'air F sur la conduite de refoulement E, avec indicateur de niveau et disposition pour alimenter d'air ledit réservoir; enfin une soupape de sûreté G avec sifflet d'alarme.

Un deuxième système de pompes, de la maison Farcot, est représenté Pl. 138; c'est la machine établie il y a quelques années pour l'alimentation de la ville de Lisbonne. Elle comprend deux corps de pompe A, A', d'un diamètre de $0^{m},450$, réunis à la base par la capacité N. Les deux pistons B, B' ont une course de $0^{m}.150$; leurs tiges sont reliées à une traverse C, aux extrémités de laquelle s'articulent deux bielles D, D', menées par les manivelles calées sur l'arbre de la poulie motrice G. Les deux pistons marchent ainsi ensemble et dans le même sens; ils portent des clapets semblables, mais s'ouvrant inversement. Dans le mouvement ascendant, le piston B' aspire dans la capacité N, et refoule l'eau qui le surmonte dans le réservoir à air P et de là à la distribution ; en même temps, le piston B, ayant ses clapets ouverts, laisse passer l'eau arrivant par M. Dans la course descendante, c'est le piston B qui aspire par le tuyau M et refoule sous le piston B', lequel laisse passer l'eau. Cette disposition a l'avantage de faire circuler l'eau toujours dans le même sens (contrairement aux corps de pompe ordinaires dans lesquels la direction du mouvement de l'eau change à chaque course simple) : c'est le même principe que celui de la pompe jumelle Stolz, dont nous parlons plus loin, avec cette différence que les pistons marchent simultanément. Il n'y a pas d'autres soupapes que celles des pistons; ces dernières sont très-grandes pour diminuer la résistance au passage de l'eau; elles comprennent (fig. 3) trois séries parallèles de vantaux inclinés formés de plaques métalliques *p*, doublées de cuir *m* du côté de la fermeture, et de caoutchouc *n* faisant ressort sur l'autre face ; la course des vantaux est limitée par les arrêts q. Le piston B' est tout semblable au piston B, mais renversé.

Cette pompe a un bon effet utile. Dans des expériences faites au Conservatoire, et pour des vitesses variant de 25 à 60 tours par minute, on a trouvé des chiffres de rendement dont la moyenne est 0.60. Le chiffre augmentait pour les grandes hauteurs d'élévation et est arrivé, pour une hauteur de 13 mètres, à 0.74 pour 45 tours et 0.70 pour 60 tours. Le déchet est de 2 à 10 pour 100. On voit que le nombre de coups peut être assez grand, ce qui permet l'emploi d'un moteur léger ; mais le constructeur a eu soin de choisir une faible course pour ne pas augmenter la vitesse de l'eau aux dépens de l'effet utile.

Comme autre type, nous donnons le croquis (Pl. 183) d'une pompe horizontale à double effet, dont le piston est plein, mais à garniture intérieure. Le cylindre, les boîtes à clapets et le réservoir d'air placé en haut forment un seul corps en fonte, très-ramassé ; la visite des quatre soupapes est facile ; enfin la forme de toutes les parties est telle, que l'eau n'a pas à circuler dans des coudes trop brusques, ce qui est une bonne condition pour diminuer les résistances.

Pompe horizontale à moteur inanimé, système Girard (Pl. 168). — Ce système comprend deux corps de pompe horizontaux à un seul piston. Chacun des corps de pompe est à simple effet ; il communique avec une boîte à deux soupapes placée à l'extrémité et d'où partent les tuyaux d'aspiration et de refoulement, de sorte que le piston, à chaque coup simple, aspire dans un des cylindres et refoule par l'autre. Les soupapes sont bien guidées dans leur course verticale et se ferment par leur poids auquel s'ajoute l'action d'un ressort supérieur dont on peut régler la flexion à volonté. Les tubulures d'aspiration se réunissent sur la même conduite, ainsi que les tubulures de refoulement. Le piston est un cylindre creux en fonte, ou mieux en bronze, traversé de bout en bout par la tige et ne présentant extérieurement aucune saillie ; il a un diamètre de $0^m.290$ et une course de $0^m.520$. La garniture est extérieure, ce qui facilite sa visite et son entretien. L'ensemble est fixé sur un bâti en fonte qui porte en même temps les glissières-guides de la tige du piston et le palier de l'arbre moteur, partie supprimée dans le dessin. Cette pompe est bien étudiée et de bonne construction.

Pompes de M. Letestu, de Paris. — Les pompes Letestu sont bien connues et depuis longtemps employées dans un grand nombre de chantiers de construction pour les épuisements, entre autres applications. Elles ont pour caractère particulier la forme du piston ; celui-ci, au lieu d'être terminé par des faces planes, se compose d'un cône en cuivre percé de trous et recouvert d'un cornet en cuir préparé et roulé sur lui-même, qui remplace le clapet. Ce cornet s'ouvre pendant le mouvement de descente, en laissant passer l'eau par les trous, et se referme, au contraire, pendant la montée. La pompe est ainsi aspirante et élévatoire, à simple effet ; le jet qu'elle donne devient continu quand on emploie deux corps ou un réservoir à la partie supérieure.

Le rendement moyen, résultant d'expériences faites au Conservatoire des arts et métiers, est de 0.48 à 0.51 ; il s'est élevé à 0.56 pour les plus petites vitesses ; les grandes courses, à vitesse égale, sont favorables à l'effet utile. Le déchet ou la quantité d'eau perdue rapportée au volume engendré par le piston est de 5 à 7 pour 100.

Ces pompes ont, dans beaucoup de cas, des avantages. Le piston s'engorge moins que les pistons ordinaires quand on épuise des eaux bourbeuses ; mais les clapets d'aspiration placés au pied du cylindre, ne présentant rien de particulier, peuvent mal fonctionner et arrêter la manœuvre. Les réparations des pistons sont rendues plus rares et plus faciles, et la commodité d'installation explique l'usage très-répandu de ces pompes.

Les dispositions pour la mise en mouvement varient nécessairement avec les emplois auxquels on destine les appareils et aussi avec leur puissance. L'Exposition en présente plusieurs types; le plus grand est une pompe à deux corps verticaux de 0m.60 de diamètre; les pistons menés par des manivelles fixées sur deux engrenages de même diamètre, qu'un seul pignon conduit. Le moteur est une machine à vapeur; un volant sur l'arbre du pignon régularise la marche, et un réservoir d'air au milieu produit un jet continu. La quantité d'eau débitée et servant à l'alimentation du parc est de 400 mètres cubes à l'heure. Il y a aussi un grand nombre de pompes à bras pour arrosement, épuisements, incendies, etc.

Pompes de MM. Nillus, du Havre. — Ce type est désigné ordinairement sous le nom de *pompe des prêtres*. Le piston est remplacé par une lame de cuir flexible fixée par son contour aux parois du corps de pompe (habituellement renflé en ce point) et portant en son milieu un plateau auquel sont attachés une tige et une soupape; un clapet dormant est disposé au pied de la boîte. En imprimant à la tige un mouvement de va-et-vient, la soupape s'ouvre et se ferme en même temps que le cuir prend une forme alternativement concave et convexe, ce qui produit l'aspiration et le refoulement de l'eau. Ces appareils ont l'avantage de bien fonctionner dans les eaux bourbeuses. L'effet utile, malgré la diminution de frottement due à l'absence de piston, ne dépasse pas celui des bonnes pompes ordinaires. Des expériences faites au Conservatoire sur un modèle à deux corps, dans lequel le cuir avait 0m.600 de diamètre et la soupape 0m.145, ont donné un rendement moyen de 0.50. Ce rendement diminuait quand la vitesse augmentait, comme cela a lieu en général.

Le modèle fonctionnant à l'Exposition est à quatre corps de pompe disposés deux à deux de chaque côté du bâti portant les organes de transmission. L'axe d'un volant-poulie placé à la partie supérieure et recevant par courroie le mouvement d'une machine à vapeur demi-locomobile, porte un pignon qui engrène avec deux roues dentées correspondant à chaque groupe de cylindres; ces engrenages servent à diminuer la vitesse. Deux réservoirs d'air complètent l'appareil, qui est employé à l'alimentation du parc.

Pompe de M. Thirion. — Elle est constituée par deux corps de pompe verticaux à pistons plongeurs, dont les tiges sont mues par un balancier placé à la partie supérieure et supporté par le réservoir d'air. Le balancier n'est pas symétrique; il se prolonge d'un côté et s'articule à une bielle reliée au volant qui reçoit le mouvement d'une machine à vapeur locomobile. Des engrenages servent à diminuer la vitesse. Cet emploi d'un balancier qui ne reçoit pas directement l'effort du piston à vapeur ne nous paraît pas heureux; il augmente le poids de la machine inutilement; de plus, les pièces ne sont pas assez ramassées, d'où nécessité d'avoir un bâti assez grand. Enfin, le volant est placé loin de la résistance, ce qui est irrationnel. Nous n'avons pas vu si les organes des corps de pompe avaient une disposition nouvelle.

Pompe à vapeur de MM. Hermann-Lachapelle, de Paris. — La machine de MM. Hermann-Lachapelle comprend sur un même bâti : d'un côté, une chaudière verticale avec cylindre à vapeur, du type de construction habituelle de cette maison ; de l'autre, une pompe verticale à deux corps avec réservoir d'air. Le moteur est lié à la pompe par un balancier. L'ensemble prend peu de place, mais ne présente, d'ailleurs, rien de particulier à noter.

Pompes de MM. Henry et Peyrolles, successeurs de M. Stolz, de Paris. — Nous ne parlerons pas des pompes ordinaires exposées par ces constructeurs et qui ne présentent de particulier que la variété des dispositions dans la transmission du mouvement du moteur, animé ou non, dispositions ayant pour but de rendre la manœuvre plus commode. Comme modification dans les organes essentiels, nous citerons les pompes dites *jumelles* (Pl. 183). Ce type est à deux cylindres; les pistons, creux et munis de soupapes, marchent en sens contraire. La chambre du milieu par laquelle l'eau est refoulée est en communication avec la face supérieure d'un des pistons seulement. On voit, à l'inspection de la figure, que l'eau, aspirée par le piston de gauche, le traverse ensuite et vient se rendre sous le piston de droite qui la refoule par le haut dans la chambre du milieu. Le liquide marche ainsi toujours dans le même sens, ce qui annule les résistances dues au changement de direction du mouvement. Il est vrai que cet avantage est diminué par ce fait que l'eau parcourt un long circuit, d'où plus grands frottements; mais on peut marcher plus vite qu'avec les systèmes ordinaires. Nous ne connaissons pas d'expériences sur le rendement.

Nous nous occupons plus loin des pompes rotatives du même constructeur.

Pompes castraises, construites par MM. Schabaver et Foures, de Castres (Pl. 184). — Elles sont aspirantes et foulantes, à double effet, à un seul corps. Le piston, à garniture de cuir, ne porte pas de soupapes; le corps de pompe, vertical ou horizontal, est entouré d'une bâche à eau partagée en deux par un diaphragme perpendiculaire à l'axe du piston. Les soupapes, au nombre de quatre, sont des boules en caoutchouc creuses et lestées au centre par de la grenaille de plomb; elles sont disposées par paires dans deux boîtes latérales (la figure indique la coupe d'une de ces boîtes), la soupape inférieure servant à l'aspiration et la supérieure au refoulement. Chacune des moitiés de la boîte à eau entourant le corps de pompe communique constamment avec l'intervalle des deux soupapes d'une boîte (dans le croquis, c'est la partie inférieure de la bâche qui correspond aux soupapes représentées). Pendant que le piston aspire par l'une des boîtes, il refoule par l'autre, comme cela a lieu dans toutes les pompes à double effet. Ce qui caractérise la pompe castraise, c'est l'emploi de la bâche à eau dont nous avons parlé et qui a pour effet de rendre le volume d'eau contenu dans l'appareil beaucoup plus grand que le volume du cylindre; il en résulte qu'une partie du liquide aspiré ne parcourt que les chambres à soupapes sans passer par le corps de pompe, le piston étant, pour ainsi dire, toujours en contact avec la même eau. Cette disposition permet le fonctionnement dans des eaux vaseuses ou chargées de gravier, en mettant le piston à l'abri des détériorations ordinaires dues au passage de matières étrangères.

Des expériences faites au Conservatoire des arts et métiers ont donné pour le chiffre du rendement une moyenne de 0.56, chiffre qui s'est élevé pour les plus petites vitesses à 0.66. Le déchet ou perte d'eau était de 7 à 10 p. 100.

Le fonctionnement de ces pompes, dont la forme et les dimensions varient suivant les applications, est très-satisfaisant, et les prix sont peu élevés, malgré le poids relativement grand. Le constructeur a ajouté à ses derniers modèles un réservoir d'air à l'aspiration dont il espère de bons résultats.

Pompe de M. Perreaux, de Paris. — Le caractère essentiel de la pompe Perreaux, déjà ancienne, consiste dans l'emploi de soupapes en caoutchouc, cylindriques à la base et aplaties au sommet, ce qui leur donne la forme d'une anche de clarinette. Comme cette dernière, elles sont terminées par deux lèvres qui, sous l'influence des pressions résultant du soulèvement ou de l'abaissement du piston, s'ouvrent ou se ferment, grâce à l'élasticité de la matière. Cette élasticité offre l'avantage que les matières solides entraînées avec l'eau peuvent passer en entr'ouvrant plus ou moins les valvules sans les détériorer. La soupape de retenue est placée au pied du cylindre, tandis que l'autre, prolongée convenablement en forme cylindrique à sa base, forme piston. Des nervures venues au moulage donnent de la roideur au caoutchouc. Le corps de pompe est en cuivre, qu'on peut envelopper de bois. La partie supérieure, fermée, sert de réservoir d'air, si la pompe est simplement aspirante; si elle doit être en même temps foulante, un petit cylindre en cuivre, placé sur le côté et également muni d'une anche en caoutchouc, constitue le réservoir d'air. Les différentes pièces se démontent facilement. Ces appareils, très-simples, peuvent prendre toutes les formes; ils sont d'un bon usage en agriculture et toutes les fois qu'on a à élever des eaux chargées de sable.

Pompes de MM. Lambert et Cie, de Vuillafans (Jura). — La construction en est simple et solide; les deux corps de pompe sont formés de tuyaux en fonte verticaux, réunis par des tubulures également en fonte. Les pistons sont plongeurs, c'est-à-dire à garniture extérieure, ce qui facilite l'entretien. Cette disposition, peu employée pour les pompes à main de petites dimensions, nous paraît bonne. Le mouvement alternatif est imprimé aux pistons au moyen d'un balancier supporté au milieu par une entretoise des cylindres; les deux bielles, très-courtes, s'articulent au balancier et aux pistons, évidés à cet effet à la partie supérieure.

Pompes de M. Sohy, de Paris. — Deux cylindres horizontaux, dans lesquels se meuvent les pistons reliés par une tige commune. Les oscillations du balancier de forme ordinaire sont transmises à la tige par des bielles attelées à un cadre horizontal extérieur aux cylindres, disposition mauvaise en principe, parce que les défauts de montage peuvent laisser se produire, au bout d'un certain temps, des efforts obliques qui faussent les tiges.

Pompes à soufflet de M. Motte, de Paris. — Les petits inconvénients dus à la nécessité d'entretenir en bon état les garnitures dans les pompes à piston ont amené quelques constructeurs à employer de véritables soufflets. Les appareils de M. Motte, employés dans un grand nombre de chantiers pour les épuisements, se composent de deux soufflets à faces en fonte et parois en cuir, de même forme que les soufflets à air employés dans l'économie domestique; ils sont attelés à un balancier, de façon à aspirer et refouler l'eau alternativement en ouvrant et serrant leurs plis. Nous n'avons pas de données numériques sur l'effet utile, mais il doit y avoir une assez grande perte de puissance à cause des grands espaces nuisibles dans lesquels l'air se comprime et se dilate inutilement à chaque coup. Ces machines sont d'ailleurs bien construites, et leur manœuvre est très-douce, le frottement des pistons des pompes ordinaires étant supprimé.

Pompe à fléau mobile de M. Armandies, de Lagny (Seine-et-Marne). — C'est encore une espèce de pompe à soufflet; deux plaques en bois ou en métal, faisant entre elles un angle obtus et munies de clapets, sont fixées à une sorte de bâti vertical ou fléau en fonte qui peut osciller autour d'un arbre horizontal inférieur. Un levier attelé au fléau applique alternativement les plaques sur les ouvertures d'une boîte en fonte qui termine le tuyau d'aspiration. Les plaques et l'arbre horizontal sont complétement noyés dans l'eau, ce qui empêche l'échauffement des pièces et remplace le graissage. De plus, les clapets, toujours visibles, peuvent être facilement dégorgés à la main quand on a affaire à des eaux impures. Cet appareil est simple et applicable aux usages de l'agriculture ou à de petits épuisements; mais il faut remarquer qu'il ne peut servir qu'à aspirer l'eau sans la refouler, à moins de le modifier et lui faire perdre par suite son caractère rustique.

Pompes agricoles diverses. — Il y a, tant à l'île de Billancourt qu'au Champ de Mars, un grand nombre de pompes de ferme, ne différant entre elles que par des détails. Ces appareils, destinés à l'agriculture, ont à remplir certaines conditions pratiques : simplicité de construction, réparations rares et très-faciles, transport commode, bon marché, faculté de se prêter à différents usages et à fonctionner dans les eaux troubles. Ici la question de rendement est sans importance, puisque les pompes ne sont pas destinées à fonctionner constamment; mais de temps en temps et ordinairement à bras.

Nous avons déjà constaté, pour plusieurs des types décrits précédemment, de bonnes qualités comme engins agricoles. Parmi les autres constructeurs qui nous ont paru assez bien remplir les conditions exigées pour cet usage, nous citerons :

M. Noël, de Paris, dont la pompe porte, en face des clapets, des regards d'une fermeture simple, qui permettent en très-peu de temps de visiter et de dégorger les clapets; elle est montée sur brouette, solide et d'un prix modéré.

MM. Hirou frères, de Paris, qui exposent un tonneau-pompe monté sur chariot destiné à divers usages. Les deux cylindres, placés sur le tonneau et manœuvrés par un levier, sont aspirants pour remplir le tonneau d'eau ou de purin, foulants quand on a besoin de projeter le liquide à distance; enfin, un système d'épandage sous le tonneau sert à arroser les prairies ou autres terrains sur toute la largeur du chariot.

M. Gonin, dont la pompe est dite sans aspiration. La pièce faisant fonction de piston est un tuyau en cuivre entourant la partie inférieure du tuyau d'ascension dont le diamètre est augmenté en ce point; ce cylindre-piston est fermé par le bas et muni d'un clapet, il plonge dans l'eau; un mouvement alternatif lui étant imprimé d'une manière quelconque, la soupape s'ouvre et se ferme comme dans une pompe à simple effet. L'instrument est simple; mais il ne peut fonctionner que le pied noyé dans le réservoir inférieur.

Comme combinaisons de mouvement de transmission, nous trouvons :

La pompe Couteleau, construite par M. Fizelier, de Saumur, qui est à deux corps verticaux et à balancier; ledit balancier est mis en oscillation par un levier à poignée qui porte un poids faisant fonction de volant; ne peut s'appliquer à des instruments montés sur chariot.

Les pompes de MM. Dudon-Mahon, à un seul corps, solidement construites; le levier de manœuvre porte à l'extrémité un contre-poids qui remplit le rôle de volant et régularise l'effort à faire.

Il y a un très-grand nombre d'autres petites pompes de ferme ou d'économie domestique; mais nous n'y avons remarqué aucune particularité intéressante.

Nous donnons (Pl. 168) le croquis d'une pompe à bras qui se distingue des autres en ce qu'elle est à double effet avec un seul corps de pompe; c'est le système Champonnois, construit par M. Japy d'une façon très-économique, avec des pistons, clapets et joints en cuir doublé de tôle.

—

La plupart des pompes à bras sont manœuvrées au moyen de leviers oscillants, balanciers, etc.; d'autres, en plus petit nombre, portent des manivelles ou organes analogues. A ce sujet, il est bon de noter que les manivelles, suivant les expériences de M. Chavès, utilisent beaucoup mieux que les balanciers le travail de l'homme, surtout lorsqu'elles sont munies de volants; d'un autre côté, quand les leviers sont bien disposés, la manœuvre en est plus commode, et nous croyons qu'on doit les préférer pour les pompes qui ne marchent que pendant un temps limité, auquel cas la perte de travail musculaire est sans importance.

II. — *Pompes à incendie.*

Le nombre considérable de constructeurs de pompes à incendie nous a toujours étonné, les instruments de cette nature n'ayant ordinairement pas besoin d'être souvent renouvelés; et ce sujet nous rappelle la naïveté d'un fabricant qui, pour vanter l'excellence de ses appareils, racontait qu'une pompe vendue par lui depuis quarante ans n'avait encore subi aucune avarie; — elle n'avait peut-être jamais servi qu'aux exercices des pompiers...

Comme toujours, l'Exposition de 1867 en présente une foule; nous n'avons pas l'intention de les décrire toutes : elles se ressemblent d'ailleurs beaucoup, et en dehors des différences dans les détails de construction et dans les prix, il n'y a guère à noter que quelques points particuliers et tenant aux habitudes de chaque pays. Réservant pour un paragraphe spécial les pompes à incendie à vapeur, nous allons passer en revue, d'une manière générale, celles fonctionnant à bras.

Les conditions à remplir pour les pompes à incendie sont toutes particulières; tandis que pour les autres machines élévatoires, on doit s'attacher, en vue d'une bonne utilisation du travail moteur, à donner à l'eau la moindre vitesse possible, ici, au contraire, cette vitesse est le principal but qu'on se propose; il faut lancer l'eau à une grande hauteur, et de telle sorte que le jet puisse vaincre la résistance de l'air sans se résoudre trop tôt en gouttelettes. La vitesse de sortie, pour des dimensions et un nombre de coups donnés, dépend du diamètre de l'orifice de la lance, et il faut proportionner ce diamètre au volume d'eau à lancer et à la distance de jet.

En Amérique, en vue de faciliter l'accroissement de vitesse de l'eau, on préfère les pompes rotatives; elles satisfont bien à cette condition, mais elles ont l'inconvénient de mal se prêter à l'action simultanée d'un grand nombre d'hommes. En Europe, les pompes à mouvement alternatif sont à peu près les seules employées, le mode de manœuvre le plus général étant la *brimballe*, aux deux extrémités de laquelle peuvent se grouper facilement un grand nombre d'hommes. Comme il est important d'avoir un jet continu, les pompes sont, soit à un seul cylindre à double effet, soit à deux corps à simple effet; cette dernière disposition offre cet avantage que la visite des organes se fait facilement, les cylindres étant ouverts par le haut. Il est essentiel que les garnitures de pistons soient parfaitement étanches à cause de la pression considérable qu'ils ont à vaincre. Un réservoir d'air au refoulement est également indispensable pour régulariser le jet.

Dans les pompes à incendie employées à Paris et dans un très-grand nombre d'autres villes, on est resté à ce type de deux corps verticaux ouverts par le haut, réservoir d'air au milieu, le tout contenu dans la caisse où on apporte l'eau (ce qui rend inutile le réservoir d'air à l'aspiration), transmission directe du mouvement du balancier aux pistons. Pour les petits modèles, l'ensemble est porté sur un châssis en bois, comme l'indique la figure 1 de la page suivante, ou sur une brouette.

Les grands appareils sont montés sur un chariot traîné par des hommes ou des chevaux, pour le transport aux points incendiés. Ces dispositions se retrouvent, avec de faibles différences de détail, dans les appareils (nous citons au hasard) de MM. Darasse, Letestu, Rohée, Flaud, de Paris; Devilder, de Cambrai; Bouchard, de Lyon; Deplechin, de Lille, etc. M. Prevel expose un type original : les

Fig. 1. Pompe à incendie.

deux cylindres sont renversés et liés directement à l'essieu du chariot, coudé à cet effet; pour manœuvrer, on retourne l'appareil et les roues servent de volants-manivelles. Cette disposition n'est pas à imiter; elle a l'inconvénient grave de rendre solidaires les pièces du chariot et celles du mécanisme, d'où il peut résulter des avaries durant le transport; de plus, il n'est pas facile de faire agir plus de deux hommes sur les roues.

L'exposition belge présente les pompes à incendie de MM. Cabany, Kestement, Requilé et Béduwé, de Meester, etc., qui sont du type ordinaire. MM. Requilé et Béduwé ont un autre modèle à un seul corps de pompe horizontal à double effet, balancier ordinaire, réservoir d'air à l'aspiration et au refoulement, ce qui permet de puiser l'eau à distance, tout en conservant une marche régulière. Ces instruments, comme la plupart des produits mécaniques belges, se distinguent par leur bon marché.

En Suisse, nous trouvons des pompes à bras très-puissantes et bien faites; nous citerons parmi les constructeurs : — M. Gimpert, pompe à un seul corps, à double effet, grande brimballe manœuvrée par vingt-quatre hommes, lançant 6 litres par coup simple, à 40 mètres de hauteur. — L'usine à gaz de Neufchatel, pompe à deux corps, très-solide, avec des barres de manœuvre s'allongeant de chaque côté du balancier, suivant le nombre d'hommes. — M. F. Schenk, machine à un seul cylindre, grande course, deux barres de manœuvre de chaque côté. — M. de Lerber, pompe à un seul corps, à double effet, donnant 18 litres par coup, à 38 mètres, manœuvrée par cinquante-cinq hommes, avec quatre barres aux extrémités d'un long balancier.

L'Allemagne nous offre : — une pompe prussienne comprenant deux cylindres horizontaux, munis chacun d'un réservoir d'air; la tige commune porte une crémaillère engrenant avec un secteur denté fixé sur l'axe d'une brimballe ordinaire, mauvaise disposition; deux tuyaux de refoulement permettent de diriger l'eau sur deux points à la fois, ce qui est bon. — Les appareils de M. Kurst, de Stuttgard, l'un du modèle ordinaire, l'autre dans lequel les cylindres sont horizontaux et reçoivent séparément le mouvement d'un levier spécial muni d'un arc rigide, le tout porté sur une plate-forme à quatre roues, sans caisse à eau.

— La pompe puissante de M. Kirchdœrfer, de Hall, du type ordinaire, lançant 450 litres par minute, à 130 pieds, caisse à eau de 600 litres. Chez tous ces constructeurs du Wurtemberg, le chariot porte des bobines sur lesquelles s'enroulent les tuyaux de refoulement en toile. — Cet arrangement est commode.

Nous trouvons encore une petite pompe rotative de M. Kirch, de Freiburg; et en Autriche, celles de MM. Heinrich's Sœhne, Knaust, etc., qui ne présentent rien de particulier.

En Russie, MM. Andrée, Boutenop, exposent des pompes simples et solides.

Les appareils anglais à bras ressemblent aux modèles français; ils sont en général de construction soignée et même luxueuse, ils viennent des mêmes ateliers que les pompes à vapeur dont nous parlons plus loin. Signalons en passant un accessoire important employé en Angleterre, ces grandes échelles roulantes qu'on applique près des maisons incendiées pour opérer rapidement le sauvetage des habitants et des meubles.

Nous mentionnerons en terminant, quoique cet appareil n'ait rien d'une pompe, l'extincteur à acide carbonique qui peut rendre des services au début des incendies.

Nous n'avons donné aucun des chiffres de rendement, parce qu'ils n'ont pas une grande importance; on peut évaluer ce rendement moyen à 30 p. 100 environ pour les appareils bien construits. Un résultat d'expériences plus intéressant serait celui relatif à l'influence de la grosseur du jet sur son efficacité. En 1862, des essais furent faits à Londres dans ce but, avec des pompes anglaises et une pompe Letestu; ces essais trop peu nombreux conduisent à cette conclusion, qu'un grand diamètre à l'extrémité de la lance est favorable à l'effet qu'on veut produire, à savoir de lancer l'eau à une grande distance horizontale et verticale en en perdant le moins possible. Ainsi les pompes anglaises, avec un orifice de 20 ou 22 millimètres de diamètre, fonctionnaient à une distance une fois et demie plus grande que la pompe française avec un orifice de 14 millimètres, et le rapport de la quantité d'eau utilisée à la quantité sortie de la lance était notablement supérieur pour les premières. Nous n'avons pas connaissance d'expériences faites cette année dans le même sens, elles présenteraient cependant un grand intérêt.

Les pompes à incendie à vapeur, qui ont pris naissance en Amérique, ont été ensuite adoptées en Angleterre, et c'est sur les machines employées couramment dans ces deux pays qu'on peut juger de l'état de la question. Un point capital, dans les engins de cette espèce, est la nécessité d'avoir une chaudière pouvant produire une quantité suffisante de vapeur dans le moins de temps possible, et c'est à cela en effet que se sont attachés les constructeurs.

Pompe à incendie à vapeur de MM. Lee et Larned, de New-York. — C'est la première machine de cette espèce. Elle comprend une chaudière verticale analogue au système Field, c'est-à-dire munie de tubes bouilleurs verticaux fermés par le bas et en communication par le haut avec le corps principal. Ces bouilleurs sont placés dans la boîte à feu entourée elle-même de lames d'eau; des tubes concentriques aux premiers et ouverts par les deux bouts déterminent, par suite de la diminution de densité de l'eau échauffée et chargée de vapeur, une circulation très-active et par suite une vaporisation rapide. La pompe est rotative, menée par un piston à vapeur à mouvement alternatif et de petite course; deux volants servent à passer les points morts; tout le mécanisme occupe peu de place et fonctionne à grande vitesse. Le bâti, en fer, porte sur un chariot à quatre roues, la chaudière reposant directement sur l'essieu d'arrière par un ressort et le reste sur l'essieu d'avant au moyen de deux ressorts. Suivant la grandeur du modèle, on peut y atteler des hommes ou des chevaux pour le transport.

Pompes à vapeur de MM. Mazeline, du Havre. — C'est une modification du système Lee et Larned. La pompe rotative est remplacée par deux cylindres à eau horizontaux à pistons plongeurs, menés directement par deux pistons à vapeur. Course commune $0^m.220$, diamètre des plongeurs $0^m.152$, diamètre des pistons à vapeur $0^m.236$. Les tiroirs sont menés directement par les tiges sans l'intermédiaire d'excentriques; pas de pièces tournantes, ni de volant.

La chaudière est verticale, à vaporisation rapide, d'une surface de chauffe de 22^{mq}; le réservoir d'alimentation est placé auprès. Tout l'appareil est porté sur un chariot par l'intermédiaire de ressorts, et disposé pour être rendu facilement immobile quand la pompe doit fonctionner. Comme accessoires, un tender attelé derrière contient le charbon, les tuyaux d'aspiration et les lances; et un petit chariot porte enroulés sur son essieu les tuyaux de refoulement.

Pompes à vapeur de MM. Merryweather et fils, de Londres. — Le petit modèle, dont la fig. 2 donne une idée, comprend une pompe à eau à double effet horizontal menée directement par la tige d'un piston à vapeur. Pas de volant; le tiroir de distribution est actionné par un renvoi de mouvement venant de la tige. La chaudière, placée à l'arrière, est du système Field, comme celle des machines américaines. Le châssis métallique, très-solide, est porté sur les roues par des ressorts. Des siéges sont disposés à l'avant pour les hommes et un réservoir d'air complète la pompe.

Le grand modèle, conçu dans le même esprit, est double : il y a deux cylindres à eau et deux cylindres à vapeur, horizontaux, à action directe, la distribution de vapeur se faisant aussi par les tiges; pas de volant. Chaudière du

Fig. 2. Pompe à vapeur Merryweather et fils.

système Field pouvant s'alimenter soit par un Giffard, soit par une petite pompe spéciale, soit par les grands corps de pompe.

Les points à noter dans ces appareils sont la bonne construction de la chaudière qui peut se mettre en pression en quelques minutes et tout en courant à l'incendie, la suspension combinée de manière à produire peu d'oscillations, la grande course des pistons et le grand volume d'eau lancé par coup, ce qui permet de diminuer la vitesse.

MM. Merryweather construisent aussi des machines de même système portées sur bateaux et qui peuvent servir en cas d'incendie de grands navires.

Fig. 3. Pompe à vapeur Shand Mason.

Pompes à vapeur de MM. Shand Mason et Cie, de Londres. — Ces constructeurs ont deux types distincts. Le premier, représenté fig. 3, est formé d'un cylindre à vapeur et d'une pompe à double effet placés horizontalement et à tige commune ; un volant, placé vers le milieu, fait passer les points morts et sert à la distribution. La chaudière est verticale, à l'arrière, à tubes bouilleurs dans le foyer pour activer la vaporisation. Le tout est porté sur quatre roues à ressorts et facilement transportable.

Dans le second modèle, la pompe et le cylindre à vapeur sont verticaux et placés à l'arrière contre la chaudière. Le piston à eau, dont la tige est remplacée par un fourreau plongeur, reçoit le mouvement au moyen d'une manivelle calée sur l'arbre moteur qui porte aussi un volant. Le réservoir d'air, très-grand, est placé auprès et muni d'un manomètre. Ce type ne nous paraît pas aussi bien agencé que le premier, le mécanisme est plus lourd et doit gêner par la place qu'il occupe.

Des expériences ont été faites sur les machines dont nous venons de parler au mois de mai dernier. Les petits modèles des deux pompes anglaises ont été installés sur la berge, l'eau étant prise dans la Seine avec un tuyau d'aspiration de 2m.50 et un refoulement de 100 mètres ; le phare servait de repère pour comparer les hauteurs de jet. Les chaudières étant remplies d'eau froide, on a allumé les foyers. Au bout de 10 minutes et demie la chaudière Merryweather atteignait une pression de 7 atmosphères ; le jet étant alors lâché, la pression monta encore et se maintint pendant une heure entre 8 et 9 atmosphères, le jet présentant une grande régularité. La machine Shand et Mason fut moins heureuse; elle ne fut en pression qu'au bout de 13 minutes et le jet était irrégulier, surtout au début.

On essaya en second lieu les grandes pompes Mazeline et Shand Mason ; la première ne put maintenir sa pression et la seconde fonctionna mal. Cet échec tient peut-être au mauvais état ou à l'insuffisance des accessoires de chaudière, et il est difficile d'en rien conclure.

Enfin, la grande machine Merryweather fonctionna seule le lendemain toute la journée et d'une façon satisfaisante; elle lançait l'eau très-régulièrement soit par un jet de 45 millimètres, soit par quatre autres jets de 25 millimètres.

Ces expériences sont trop peu nombreuses pour juger du mérite relatif des appareils; il leur manque la précision qu'on aurait dû chercher à obtenir en mesurant les volumes d'eau lancés et utilisés à une distance donnée et dans différentes conditions. Quoi qu'il en soit, il est certain que les pompes à incendie à vapeur sont de puissants engins qui, dans les pays largement dotés sous le rapport de l'eau, peuvent conjurer de grands désastres ; elles sont d'ailleurs employés avec succès en Amérique et en Angleterre.

III. — *Pompes sans limite.*

La dénomination de pompes *sans limite* a été appliquée depuis quelques années à un grand nombre d'appareils destinés à élever l'eau d'une profondeur supérieure à 8 ou 9 mètres, au delà de laquelle il n'y a plus aspiration. Nous ne comprendrons pas sous ce titre les dispositions ordinaires consistant à descendre une pompe aspirante dans le puits à un niveau suffisant et à lui imprimer le mouvement au moyen de tiges ou autres organes. Ce système est habituellement employé dès qu'on a un puits un peu profond, et si la hauteur est très-grande, comme dans les mines, on superpose à différents niveaux un certain nombre de pompes menées par une maîtresse tige.

Pompes du système Prudhomme, construites par MM. Desforges et Festugière frères. — M. Prudhomme, le premier qui ait adopté le nom de « sans limite », a imaginé une disposition dans laquelle les tiges sont remplacées par des colonnes d'eau circulant dans des tuyaux. Cet appareil, qui ne figure pas à l'Exposition, se compose (Pl. 184) de deux parties distinctes : l'une placée près du moteur à une distance quelconque du puits, l'autre posée au fond du puits, à 4 ou 5 mètres au plus du niveau de l'eau, ces deux parties étant reliées entre elles par deux conduites OP, RQ.

L'appareil étant rempli d'eau, ce qui peut se faire facilement à la première mise en marche, supposons qu'on mette en mouvement le piston C de la pompe supérieure dans le sens indiqué par la flèche X, il refoulera l'eau dans le tuyau OP, en fermant la soupape *o*; la pression se tranmettra intégralement au piston K de l'appareil inférieur; les deux pistons K et L, reliés à la même tige, marcheront dans le sens de la flèche Y, et refouleront l'eau dans le tuyau QR, en ouvrant les soupapes *s* et *q*, et fermant *t* et *r*. Comme les capacités E et G ont chacune un volume égal à celui du cylindre de la pompe supérieure (point essentiel), la quantité d'eau élevée sera double de celle refoulée par le piston C. La moitié seulement du volume total d'eau élevée viendra remplir l'espace libre B, tandis que le reste passera par la soupape *p*, et se rendra au tuyau ST. Le piston C prenant un mouvement inverse, les mêmes effets se reproduiront dans l'autre sens, et une cylindrée sera élevée à chaque coup simple.

Cet appareil a été appliqué dans plusieurs puits de mine d'une grande profondeur. Nous ne connaissons pas d'expériences sur le rendement ; mais il est probable qu'il n'est pas inférieur à celui des pompes ordinaires, les frottements des grandes tiges étant remplacés par ceux de l'eau dans une des conduites. Il y a un inconvénient grave à signaler : à cause du brusque changement de sens dans la marche de l'eau, à chaque course du piston il se produit des coups de bélier qui, dans un grand appareil, amèneraient des ruptures. Il faut, pour diminuer ces chances d'accident, que les deux conduites de tuyaux soient fixées dans le puits de la façon la plus rigide, condition assez difficile à remplir pour de grandes profondeurs.

Pompes à air comprimé de M. Laburthe, de Mont-de-Marsan (Pl. 184). — L'appareil de M. Laburthe est d'une simplicité extrême : la pompe, placée à une distance quelconque de l'eau à élever, est formée d'un piston à air qui se meut dans un cylindre, lequel est mis en communication par un tube de fer avec une caisse plongée dans le puits et munie d'une soupape s'ouvrant de dehors en dedans ; un second tube part du fond de la boîte et est dirigé au point où l'on veut amener l'eau. En donnant au piston, par les moyens ordinaires, un mouvement alternatif, l'air comprimé dans le tube abducteur refoule l'eau dans le tuyau élévatoire jusqu'à ce que la caisse soit remplie d'air à la pression de la colonne ascendante. A ce moment, il faut faire rentrer de l'eau dans la caisse : pour cela, on ouvre un robinet placé à la partie supérieure du tuyau abducteur ; la pression atmosphérique se rétablit dans la boîte, ce qui permet à l'eau du puits de la remplir en ouvrant la soupape, et le même jeu recommence. Il faut avoir soin de munir le bas du tuyau d'ascension d'un clapet d'arrêt. De plus, la caisse doit avoir une capacité notablement supérieure à celle du tuyau d'ascension, afin qu'on n'ait pas besoin d'interrompre souvent le mouvement de la pompe pour rétablir la pression atmosphérique dans la caisse. Cette condition ne peut être pratiquement remplie que pour des appareils devant donner peu d'eau, commme les pompes d'économie domestique. Il est clair que le fonctionnement de l'appareil est indépendant de la profondeur, et qu'il suffit de lui donner des dimensions en rapport avec la hauteur d'élévation. Cette disposition est simple, peu coûteuse et commode. On peut craindre cependant que la pompe à air n'exige un grand soin pour conserver le piston étanche, ce qui est plus difficile quand on comprime de l'air. De plus, le rendement doit être très-faible, car, en ouvrant le robinet supérieur pour rétablir la pression atmosphérique, on perd instantanément un travail correspondant à celui nécessaire pour comprimer l'air dans la boîte à la pression de la colonne ascendante.

On peut aussi ranger dans la catégorie des pompes sans limite quelques-unes des machines que nous avons décrites précédemment : par exemple, les norias, le propulseur Durozoi, la chaîne Bastier.

IV

Pompes rotatives.

I. — *Pompes à piston tournant.*

L'inconvénient des pompes ordinaires résultant du changement de sens dans la marche de l'eau à chaque coup de piston, ce qui ne permet pas de marcher avantageusement à de grandes vitesses, a amené un certain nombre de constructeurs à les remplacer par des pompes rotatives. Elles consistent, pour la plupart, en une boîte cylindroïde dans laquelle se meuvent un ou plusieurs pistons tournants qui chassent l'eau devant eux, et munis de ressorts disposés de façon à empêcher la communication des tuyaux d'arrivée et de sortie. La pompe Stolz, par exemple, est construite sur ce principe. Elle peut être employée pour des appareils domestiques, à condition qu'on n'élève que des eaux limpides, et que la construction en soit très-soignée; le rendement est ordinairement faible.

La pompe Leclerc comprend, au lieu de pistons tournants, deux roues dentées s'engrenant dans la boîte, et chassant devant elles l'eau toujours dans le même sens; rendement très-faible.

Dans d'autres, un tuyau de caoutchouc, enroulé sur les parois de la boîte et rempli d'eau, est comprimé par un rouleau tournant autour d'un axe; ce système n'est applicable qu'en petit.

Il y en a d'autres qui se rattachent au même ordre d'idées que les précédents; ils ont tous le grand inconvénient d'être compliqués, coûteux de réparation, et de donner peu d'effet utile. Aussi les pompes rotatives sont-elles à peu près abandonnées, si ce n'est en Amérique. L'Exposition en offre une qui mérite une description à cause de son caractère d'originalité et de nouveauté. C'est la *machine rotative système Behrens*, construite par MM. Dart et Cie, de New-York (Pl. 183). Elle est présentée par l'inventeur à la fois comme moteur à vapeur ou à eau et comme pompe; mais c'est surtout comme appareil hydraulique qu'elle peut être appliquée avec avantage. Une boîte en fonte A, ayant intérieurement la forme de deux portions de cylindres parallèles se pénétrant (ainsi que l'indiquent les figures qui sont une coupe transversale), communique en B et D avec les tuyaux d'arrivée et de sortie. Deux arbres parallèles C, C' traversent les fonds de la boîte, ainsi que deux douilles fixes *c*, *c'*; ces arbres portent extérieurement des roues d'engrenage de même diamètre, de sorte qu'ils se meuvent en sens inverse et avec la même vitesse; à ces arbres sont fixés deux pistons E, E', ayant la forme d'une portion de couronne concentrique à l'arbre et à la paroi de la boîte A. La face extérieure et convexe de ces pistons lèche la paroi alésée des cylindres A, et leur face intérieure et concave glisse sur les douilles fixes *c*, *c'*, entaillées de façon à laisser tourner les pistons sans permettre à l'eau de passer directement de B en D. Ceci posé, et la machine devant servir à élever l'eau, on fait tourner un des deux arbres C, C', dont les mouvements sont solidaires et entraînent en sens inverse les deux pistons E, E'. En examinant les figures qui représentent deux positions différentes des pistons, on voit que l'eau arrivant par B passera alternativement par les espaces annulaires *a* et *a'*, saisie successivement par chaque piston pendant un demi-tour, tandis que l'autre piston, tout en continuant à tourner, fera fonction de paroi. (Nous avons supposé que l'eau arrivait par B, parce que la figure peut représenter l'appareil employé comme moteur; mais il est clair qu'il suffit de changer le sens du mouvement pour que l'eau entrant en D s'élève par le tuyau B.)

Nous n'avons pas à nous occuper ici de la valeur de cette machine comme moteur, surtout comme moteur à vapeur; mais en tant que pompe, elle est très-applicable. Elle est simple, tient peu de place, peut marcher à grande vitesse et donne sans réservoir d'air un jet continu; mais elle exige une construction et un montage très-soignés. Il serait intéressant de connaître son rendement; nous n'avons pas pu nous procurer de renseignements sur ce point; nous savons seulement qu'elle est employée en Amérique dans des brasseries et sucreries, où elle peut élever des liquides épais et chauds (à condition sans doute qu'il n'y ait pas aspiration des liquides chauds). Celle qui figure à l'Exposition est montée sur le même bâti avec un appareil tout semblable, servant de moteur à vapeur.

II. — *Pompes centrifuges.*

L'idée d'employer à élever l'eau la force centrifuge résultant d'un mouvement de rotation remonte assez haut; mais M. Appold est le premier qui ait construit, dans de bonnes conditions, des appareils fondés sur ce principe, et des appareils si bien étudiés, qu'aujourd'hui les meilleurs sont ceux qui se rapprochent le plus de son modèle.

Les pompes centrifuges sont de véritables ventilateurs à eau, formés de palettes planes ou courbes tournant rapidement autour d'un axe vertical ou horizontal, et enfermées dans une boîte. L'eau, entrant par le centre de la roue, est repoussée par les aubes vers la circonférence, et refoulée ensuite dans le tuyau d'ascension. En même temps le départ de l'eau fait naître autour de l'axe une diminution de pression qui appelle l'eau du réservoir inférieur. L'eau montera d'autant plus haut que la vitesse de rotation sera plus grande. Un calcul simple fait voir la relation qui lie ces deux quantités. En appelant V la vitesse en mètres par seconde à l'extrémité des aubes, R le rayon extrême de ces aubes, N le nombre de tours par minute, P le poids d'eau qui passe par seconde, et H la hauteur d'élévation, on trouve (soit par l'expression de la force centrifuge, soit par celle de la puissance vive due à la vitesse V), abstraction faite des frottements, que le travail développé est

$$\frac{PV^2}{2g}.$$

Ce travail, multiplié par le coefficient de rendement, doit être égal au travail produit; soit PH,

$$K\frac{PV^2}{2g} = PH;$$

d'où

$$H = \frac{1}{2g}KV^2 = 0,051\,KV^2.$$

Si on veut faire entrer dans la formule le nombre de tours,

$$V = \frac{2\pi RN}{60},$$

d'où

$$H = 0,00056\,KR^2N^2.$$

Dans les meilleures pompes centrifuges, l'expérience donne :

$$K = 0,65;$$

d'où on tire

$$H = 0,034\,V^2 = 0,00036\,R^2N^2.$$

La formule de M. Appold est

$$V' = 550 + 550\sqrt{H'},$$

V' étant la vitesse à la circonférence en pieds anglais par minute, et H' la hauteur en pieds anglais; ce qui donne, pour la vitesse en mètres par seconde, H étant aussi exprimé en mètres :

$$V = 0^m,84 + 4,98 \sqrt{H};$$

la formule que nous avons établie plus haut conduit à

$$V = 5,42 \sqrt{H}.$$

Ces deux valeurs de V s'accordent sensiblement pour les valeurs ordinaires de H.

On voit que la vitesse de ces appareils est forcément considérable; aussi conviennent-ils surtout pour élever de grands volumes d'eau à une petite hauteur. Une augmentation de vitesse permet soit d'élever l'eau plus haut, soit d'augmenter le débit.

La hauteur d'aspiration doit être faible, parce que l'appel d'eau étant dû à l'excès de pression atmosphérique sur la pression au centre de la roue, il faut que cet excès communique à l'eau une vitesse assez grande pour satisfaire au débit; si cette condition n'est pas remplie, l'eau n'arrive pas en assez grande quantité, la machine se désamorce et ne fonctionne plus. Lorsque les circonstances le permettent, il est même bon d'éviter l'aspiration en plaçant l'appareil au-dessous du niveau du réservoir inférieur; on peut alors sans vider la pompe augmenter la vitesse de rotation.

Pour la bonne utilisation du travail moteur, il faut que l'eau ait une vitesse très-faible dans les tuyaux d'amenée et de refoulement et une grande vitesse dans la roue seulement. La forme des aubes doit être telle que les filets d'eau y entrent à peu près sans choc et surtout presque tangentiellement à la circonférence extérieure. Cette condition ne peut être réalisée que par des aubes courbes; c'est ce que confirment des expériences faites en 1851 lors de l'exposition de Londres, et dans lesquelles on plaçait successivement dans la même machine des roues à aubes courbes, à aubes planes inclinées sur le rayon, et à aubes planes dirigées suivant le rayon. Le rendement a été pour ces trois cas et pour des hauteurs de 5 à 6 mètres, de 0,67, de 0,42 et de 0,24.

Il importe en outre que le liquide, en passant de la vitesse très-faible qu'il a au centre de la roue à la grande vitesse de la circonférence, traverse des sections de plus en plus petites. Il faut également que les sections de passage aillent en augmentant depuis la sortie des aubes jusqu'au tuyau d'ascension. En rendant ainsi les sections inversement proportionnelles aux vitesses, on évite les remous et les tourbillonnements qui absorbent du travail. On peut arriver au premier résultat, soit en faisant varier l'épaisseur des aubes de manière à donner à leur partie concave une forme différente de celle de la partie convexe, soit, comme dans le ventilateur Lloyd, en faisant des aubes d'épaisseur uniforme et en diminuant la largeur dans le sens de l'axe de la roue à partir du centre; les aubes sont alors emboîtées dans deux parois formant une espèce de lentille renflée au centre.

Passons maintenant en revue quelques-uns des modèles de l'Exposition.

Pompes à force centrifuge de MM. Neut et Dumont, de Lille (Pl. 184). — Elles se rapprochent beaucoup du type Appold; l'eau amenée par la conduite C à la hauteur de l'axe se partage en deux courants *d* qui l'amènent au centre de la roue, laquelle est formée de deux joues *b* entre lesquelles se trouvent les aubes *c* dont quelques-unes se prolongent et se relient au moyeu, leur largeur diminuant du centre à la circonférence. Des cloisons circulaires *j* forcent l'eau sortant de la roue à suivre un conduit annulaire K, dont la section augmente progressivement jusqu'au tuyau d'ascension D, ce qui réalise *en partie* les conditions indiquées précédemment.

Le corps de pompe est formé de deux coquilles symétriques réunies par des boulons ; il est traversé par l'arbre horizontal X qui passe dans des boîtes à étoupes et porte la poulie de transmission G ; le tout repose sur une seule plaque de fondation I. L'entonnoir J sert à amorcer la pompe au début, l'orifice K' donne issue à l'air qui pourrait se loger à la partie supérieure. Pour éviter les rentrées d'air par la boîte à étoupes, elle est mise en communication avec la colonne de refoulement par un tuyau constamment rempli d'eau. Enfin, en cas de rentrée d'air au centre par le tuyau d'aspiration, pour réamorcer la pompe sans avoir besoin d'arrêter, on a ménagé deux trous qui mettent le centre de la roue en communication avec l'intérieur de la chambre où l'eau est refoulée, ce qui force l'air à s'échapper.

Dans des expériences de rendement, une de ces pompes, ayant un diamètre de roue de $0^m,300$ avec des orifices d'aspiration et de refoulement de $0^m,250$ de diamètre, élevait 138 litres par seconde à la hauteur totale de $5^m,50$; la vitesse étant de 500 tours par minute, le rendement moyen a été de 57 pour 100.

Pompes centrifuges de MM. Gwynne et Cie, de Londres. — MM. Gwynne ont d'abord construit des pompes centrifuges dont les aubes étaient planes, dirigées suivant les rayons et munies d'un tuyau de circulation ; le rendement était très-faible, 19 pour 100. Plus tard, profitant des enseignements apportés par l'exposition de 1851, ils se sont rapprochés de la disposition Appold en courbant les aubes à leur extrémité de façon à les faire arriver presque tangentiellement à la circonférence du disque. C'est ce qui est indiqué sur la planche 140, qui représente une pompe de $0^m.460$ de diamètre. L'eau arrivant par H se partage en deux courants H' et H'' qui entrent par le centre de la roue k' k'' pour sortir par la circonférence et se rendre de là au tuyau Z. Les aubes, au nombre de six, dont trois seulement se prolongent jusqu'au moyeu, sont en fonte de 14 millimètres d'épaisseur, recourbées et taillées en biseau à la circonférence extérieure de façon à n'avoir qu'un millimètre d'épaisseur à l'extrémité ; elles sont de plus un peu arrondies à l'entrée de l'eau, mais elles restent normales au moyeu, ce qui diminue l'effet utile par suite des chocs du liquide. La largeur des palettes et de leur enveloppe, d'abord uniforme, diminue ensuite jusqu'à l'extrémité, de façon à produire une section variant en sens inverse de la vitesse de l'eau à différentes distances du centre. A la sortie de la roue, l'eau parcourt d'abord un espace annulaire qui la conduit au tuyau de refoulement; un diaphragme G empêche le liquide de rentrer en partie dans cet espace annulaire, et un orifice donne issue à l'air qui tend à se cantonner en G.

Cette pompe a été soumise au Conservatoire des arts et métiers à des expériences de rendement. Le diamètre était de $0^m.460$. La hauteur d'aspiration était de $0^m.80$ et celle de refoulement de $9^m.50$. Le nombre de tours a varié de 630 à 700 par minute ; le maximum d'effet utile a été de 0.52, correspondant à 670 tours et à 7 litres d'eau élevée par tour ; le minimum, de 0.32, correspondant à 640 tours et $4^l.75$ par tour. Le rendement brut moyen peut être fixé à 0.45.

Les modèles sont très-variés de forme ; celui du Champ de Mars est mis en marche par un cylindre à vapeur à grande vitesse, à action directe, monté sur la même plaque de fondation que la roue.

Pompes centrifuges, système Bernays, construites par MM. Owens et Cie, de Londres. — Les constructeurs annoncent que la pression de la colonne de refoulement ne s'exerce pas tout entière sur les aubes, ce qui se traduit par une augmentation d'effet utile ; nous n'avons pu vérifier cette assertion, ni savoir comment ce résultat est atteint. La construction paraît bien entendue et permet la visite et le remplacement faciles des pièces ; le prix est relativement très-bas,

Parmi les autres constructeurs qui exposent des machines analogues, nous citerons MM. Ruston Proctor et Cie, de Lincoln (Angleterre), dont la pompe porte une coquille en deux pièces à joint oblique pour faciliter le remplacement des pièces sans démonter les tuyaux ; MM. Audrews et Brothers, de New-York ; MM. Tilkin, de Liége, et Enthoven, de Bruxelles, dont les appareils ne nous ont pas paru présenter de particularités.

Pompes hélicoïdes centrifuges de MM. Coignard et Cie, de Paris (Pl. 168). — La disposition de ces pompes est toute spéciale ; les aubes de l'appareil Appold sont remplacées par deux pièces tournantes A que les constructeurs appellent hélices et placées symétriquement sur l'arbre D; l'eau, amenée par le tuyau L O au centre de la roue I, passe par les orifices F dans les hélices qui lui impriment une vitesse croissante jusqu'à la circonférence en G; de là, elle se rend par les conduits M dans le tuyau d'ascension commun N. Les petits orifices *a* servent à laisser échapper l'air qui peut se cantonner en haut de la pompe. La forme des hélices est telle que la section de passage diminue du centre à la circonférence, et augmente à la sortie par les conduits M jusqu'au tuyau de refoulement, de façon à varier en sens inverse de la vitesse. Cette condition est favorable au rendement, comme nous l'avons vu précédemment, mais les coudes brusques que l'eau est obligée de franchir en G, *e*, M, doivent produire une petite résistance fâcheuse. La construction est bonne, l'axe traverse deux presse-étoupes P dont on peut régler le serrage, et porte sa poulie de transmission ; le tout repose sur une plaque de fondation. Nous n'avons pas le chiffre de l'effet utile.

En résumé, les pompes centrifuges sont d'un bon usage quand la hauteur d'ascension n'est pas considérable. Elles ont l'avantage de se prêter en changeant la vitesse à des débits et même des hauteurs variables, elles sont faciles à installer et à transporter: enfin, l'absence de soupapes (sauf le clapet de pied quand il y a aspiration) permet d'élever des eaux impures; elles exigent toujours un moteur inanimé. L'inconvénient principal est la grande vitesse qui ne peut, sans détériorer les garnitures de l'axe, être augmentée au delà d'une certaine limite. On a essayé d'échapper à cette difficulté, pour les grandes hauteurs d'ascension, en plaçant sur le même arbre vertical plusieurs roues à force centrifuge ; l'eau refoulée par la première entrant dans l'axe de la seconde, qui la remonte à la troisième et ainsi de suite; il en résulte que l'accroissement de pression produit dans chaque roue s'ajoute aux autres, et que la pression finale pour une vitesse donnée augmente avec le nombre de disques. Cette idée ingénieuse a été appliquée d'abord par M. Gwynne ; il parvint ainsi à augmenter la hauteur d'élévation sans accroître la vitesse de rotation, mais aux dépens de l'effet utile. Il y avait en effet des pertes de travail au passage d'une roue dans l'autre, à cause des changements brusques dans les sections de passage et dans le sens de marche de l'eau. M. Girard a perfectionné la construction de l'appareil, et nous donnons (Pl. 139) les dessins de sa machine, qu'il a appelée turbine élévatoire. Elle se compose d'un certain nombre de couronnes semblables, superposées et calées sur un arbre vertical, le tout enfermé dans une enveloppe en fonte formant des cloisons entre les couronnes. L'eau arrivant par A est aspirée au centre B de la première couronne, et poussée par le chemin C D jusqu'au centre E de la deuxième qui la lance à son tour par B' D', et ainsi de suite jusqu'au tuyau de sortie E. Les courbures des aubes et de l'enveloppe sont bien étudiées, de façon à faire varier progressivement les sections de passage, suivant la vitesse que l'eau doit y acquérir, et diminuer ainsi l'effet des brusques changements de direction et de vitesse. Chaque couronne comprend 36 directrices courbes B, auxquelles font suite 12 canaux C. Les figures

2 et 3 indiquent la forme de ces pièces suivant l'ancien et le nouveau tracé, ce dernier ne différant de l'autre qu'en ce que les angles sont plus arrondis et les sections de passage un peu modifiées. Comme détails de construction, on peut aussi noter la disposition du pivot et des colliers de l'arbre qu'on peut régler à volonté, le petit tube faisant communiquer les tuyaux de refoulement et d'aspiration pour empêcher le désamorçage par suite de rentrées d'air, la crépine T à l'aspiration, dont le but est d'arrêter les corps solides qui pourraient pénétrer dans les couronnes et produire des ruptures.

Dans les expériences faites sur cette machine au Conservatoire des arts et métiers, la hauteur d'aspiration était de $1^m.74$, et celle de refoulement a varié de 4 à 10 mètres. Voici les moyennes des résultats pour l'ancien modèle et le nouveau perfectionné à la suite des premiers essais.

	Ancien modèle.			Modèle perfectionné.		
Nombre de tours par minute....	250	330	420	300	400	400
Hauteur de refoulement........	4^m	7^m	10^m	4^m	$4^m.20$	$7^m.00$
Volume d'eau élevé par miute..	2100 à 3100 litres.			2800 à 4000 litres.		
Rendement.................	0.28 à 0.30			0.35 à 0.40		

Ces chiffres montrent que, pour une hauteur de refoulement déterminée, la vitesse est notablement inférieure à celle d'une pompe centrifuge à un seul disque; mais cet avantage n'est obtenu que par une perte considérable dans le rendement, et en outre la machine est plus pesante, par conséquent plus chère et d'un emploi moins commode. Aussi cette turbine élévatoire n'est pas entrée dans la pratique.

Nous répéterons, en terminant, ce que nous disions au commencement de cette étude : la difficulté d'obtenir des renseignements techniques sur certains appareils ne nous a pas permis de la faire plus complète, malgré notre désir de ne rien omettre d'intéressant.

MOTEURS HYDRAULIQUES

PAR MM. **L. VIGREUX** ET **A. RAUX**,
Ingénieurs civils.

I

L'importance de l'utilisation des chutes d'eau comme moteurs est médiocrement représentée au Champ de Mars. Cependant, il est incontestable que les moteurs hydrauliques rendent de fréquents et immenses services à l'industrie; car s'ils ne se prêtent pas toujours aux exigences les plus variées, comme les machines à vapeur, ils ont l'avantage considérable de n'occasionner qu'une dépense première d'établissement, dont l'intérêt et l'amortissement ajoutés aux frais de réparations et d'entretien (que l'on peut rendre très-minimes), constituent seuls les frais généraux afférents à la puissance motrice d'une usine mue par l'eau.

L'inconvénient inhérent aux moteurs hydrauliques réside justement dans les variations des niveaux et des volumes des chutes d'eau; d'où il résulte que la puissance dont on dispose par leur intermédiaire n'est pas constante pendant tout le cours de l'année; en sorte qu'à certaines époques elle peut être insuffisante, tandis qu'à d'autres époques elle peut être supérieure aux besoins de l'usine. Or, comme il convient, en général, que la production d'une usine soit régulière et constante, on voit tout l'intérêt qui s'attache à la régularisation de la puissance des cours d'eau. Malheureusement, les causes des variations des niveaux et du volume d'une rivière sont telles, que dans beaucoup de cas il serait impossible d'y remédier d'une façon complète; car le remède consiste tout simplement à établir de vastes réservoirs où l'eau s'accumulerait durant la saison des pluies ou de la fonte des neiges, et d'où elle serait dépensée en quantité à peu près constante, en sorte que le débit uniforme et constant par minute, par exemple, multiplié par le nombre de minutes qui composent l'année, représentât justement le volume total fourni dans cette même période de temps par le bassin du cours d'eau considéré. Ce *desideratum* ne peut être atteint d'une façon absolue; mais, pour ne parler que de la France, il est bien certain que nous sommes encore loin d'un état de choses rationnel.

Les inondations périodiques et fréquentes dont nous sommes les témoins et les victimes, sont là pour affirmer le peu de souci que nous prenons de tirer le meilleur parti possible d'une puissance motrice que la nature nous offre pour ainsi dire gratuitement.

A la vérité, des barrages-réservoirs sont établis dans les vallées de quelques-unes de nos rivières torrentielles, à régime très-variable par conséquent; mais le nombre en est bien inférieur aux besoins de l'industrie et de l'agriculture, et leur construction n'a pas, jusqu'à présent, tenté la spéculation et l'activité privées. Nous en sommes encore aux seules constructions érigées par l'État, dont les ressources, très-limitées pour ces sortes de travaux, ne permettent pas de leur donner tout le développement désirable.

Que de fonds cependant sont sortis de France pour affronter les dangers et subir les revers d'entreprises mensongères et, dans tous les cas, difficiles à surveiller par ceux-là mêmes qui ont risqué pour elles le fruit de leur travail !

Ces ressources, sans quitter notre sol et les hommes qui les ont créées, eussent pu être efficacement employées à l'amélioration du régime de nos cours d'eau, contribuer à l'accroissement de notre industrie et au bien-être général. La navigation, l'agriculture et les usines de toute nature en auraient retiré d'immenses bienfaits qui, jusqu'à présent, sont dédaignés ou médiocrement compris.

Notre étude sur les moteurs, ou, plus exactement, *récepteurs* hydrauliques, embrassera les trois catégories suivantes : 1° Roues hydrauliques *ordinaires* à arbre horizontal, utilisant soit le poids de l'eau, soit la vitesse due à sa chute ; 2° *Turbines* à axe vertical et à axe horizontal, utilisant la vitesse et, par conséquent, la puissance vive de l'eau ; 3° *Machines à colonne d'eau*, ou moteurs à pression d'eau, dans lesquels l'eau agit sur un piston à mouvement rectiligne alternatif.

Pour nous conformer à l'esprit de cette publication, nous ne nous contenterons pas de décrire purement et simplement les spécimens du Champ de Mars; notre but est plus étendu, et nous nous proposons ici de montrer l'état actuel des progrès réalisés dans la construction de cette classe très-répandue de moteurs.

Notions préliminaires générales.

La puissance *brute* d'une usine hydraulique s'exprime en multipliant le poids P du volume que le cours d'eau fournit par seconde, par la hauteur H de la chute, c'est-à-dire par la distance verticale entre les niveaux d'amont et d'aval de l'usine. En divisant ce produit par 75 kilogrammètres (travail correspondant à un cheval-vapeur), on obtient la puissance brute F, exprimée en chevaux-vapeur :

$$F = \frac{PH}{75} \quad (1).$$

La puissance *effective* dont l'usine dispose dépend uniquement du genre de récepteur adopté ; c'est le produit de la puissance brute par le rendement K, du récepteur :

$$\text{Puissance effective } Fe = K\frac{PH}{75} \quad (2).$$

Il faut donc, dans chaque cas particulier, faire un choix judicieux du récepteur le mieux approprié aux conditions de chute et de volume du cours d'eau dont on a à s'occuper. Les règles qui doivent guider dans l'établissement des récepteurs hydrauliques font l'objet d'un enseignement spécial, qui ne peut trouver place ici ; mais nous en montrerons l'application dans l'examen critique que nous nous sommes proposé de faire.

CHAPITRE PREMIER

ROUES HYDRAULIQUES ORDINAIRES A ARBRE HORIZONTAL.

Elles comprennent trois classes principales :

1° Les roues qui reçoivent l'eau sur leur sommet ou en un point situé entre le sommet et le plan horizontal qui passe par l'axe; on les désigne sous le nom de *roues en dessus ;*

2° Les roues qui reçoivent l'eau entre leur centre et leur partie inférieure; on les nomme *roues de côté;*

3° Les roues qui reçoivent l'eau vers le bas, et sur lesquelles l'eau arrive avec une vitesse due à une hauteur presque égale à celle de la chute; elles portent le nom de *roues en dessous* ou *roues vives.*

1° *Roues en dessus.* — Ces roues sont applicables aux chutes élevées, c'est-à-dire comprises entre 3 et 12 mètres; au-dessus de cette limite supérieure, leur construction devient difficile et trop coûteuse.

Si le cours d'eau a un débit très-faible, n'excédant pas 200 à 300 litres par seconde, le canal qui amène l'eau sur la roue se continue par une huche dont le fond est relevé suivant une surface cylindrique *a*, à peu près concentrique à la roue (voir la figure 1, pl. LXXX). Ce fond, ordinairement en bois, se termine par un madrier horizontal qui forme déversoir, et qui est placé à 0^m400 environ en amont de la verticale menée par l'axe de la roue. L'eau s'écoule suivant une lame dont l'épaisseur ne doit pas dépasser 0^m150 à 0^m200 au maximum.

On voit immédiatement : 1° que ce système de roue n'admet pas de variations du niveau d'amont, car les moindres variations de ce niveau seraient toujours grandes relativement à l'épaisseur de la lame d'eau, et feraient varier considérablement la dépense de l'eau et, par conséquent, la puissance de la roue et sa vitesse; 2° que la roue ne doit jamais plonger dans l'eau d'aval, parce que l'immersion de l'aubage empêcherait la sortie de l'eau et diminuerait le rendement de la roue. Donc, si le niveau d'aval doit varier, il faut tenir le bas de la roue à la hauteur du niveau le plus élevé.

Les roues en dessus de ce système, c'est-à-dire *sans tête d'eau*, ne conviennent qu'à un cours d'eau dont la puissance est à peu près constante, et à une usine dont la résistance est sensiblement régulière, comme une filature, un moulin à blé, etc.

Ces roues peuvent être construites entièrement en bois, ou bien en bois et métal, ou enfin entièrement en métal (fonte, fer et tôle).

Deux joues *k*, placées de chaque côté de la huche, permettent l'alimentation de plusieurs augets lors de chaque mise en train de la roue. Ces joues doivent se prolonger jusqu'à 1 mètre environ au delà de la verticale qui passe par l'axe de la roue.

La vanne V placée en tête de la huche sert seulement à l'arrêt de la roue; quand celle-ci marche, cette vanne doit être levée en entier et ne sert pas, par conséquent, à régler la dépense.

Quand les augets sont en bois, ce qui est le cas le plus fréquent, ils sont composés de deux planches *bc* et *cd*, dont l'une est dirigée suivant le rayon, et dont l'autre a pour direction celle de la vitesse *relative* d'entrée de l'eau dans la roue. On sait que la direction de cette vitesse relative s'obtient en composant la vitesse *absolue* avec laquelle l'eau arrive sur la roue, et une vitesse égale et directement opposée à la vitesse *linéaire* ou *tangentielle* d'un point de la circonférence extérieure de la roue; cette vitesse tangentielle est dite *vitesse d'entraînement.*

Ordinairement l'écartement de deux aubes consécutives est égal à la hauteur ou profondeur *mn* de l'aubage; cette dimension ne doit pas excéder 0^m400.

Les augets sont assemblés par leurs extrémités dans des joues ou couronnes fixées aux bras. Si la largeur de la roue excède 1^m500, il faut placer une ou plusieurs couronnes intermédiaires soutenues par des embrassures, c'est-à-dire par un système de bras analogues à ceux des couronnes extrêmes.

Le mouvement de rotation de la roue imprime à la surface de l'eau dans chaque auget, la forme d'une portion de surface cylindrique dont les génératrices sont horizontales, et dont la section droite est un arc de cercle dont le rayon est exprimé par $\frac{g}{\omega^2}$, ω représentant la vitesse angulaire de la roue.

L'eau tend à quitter la roue avant son point le plus bas; il en résulte une perte de travail d'autant plus grande que le point p, où commence le versement anticipé de l'eau, est plus élevé par rapport au niveau d'aval. On évite cette perte en établissant un coursier circulaire pq qui embrasse la partie inférieure de la roue à partir du point p.

Les roues en dessus sans tête d'eau ne doivent pas recevoir plus de 100 litres d'eau par seconde et par mètre de largeur. Leur rendement varie de 0,75 à 0,85 du travail moteur brut dépensé.

Si le niveau d'amont et le volume d'eau sont variables, l'alimentation de la roue ne peut pas se faire par un déversoir; il faut, en effet, que l'on puisse faire varier suivant les circonstances le volume d'eau dépensé par la roue, tout en maintenant sensiblement constante la vitesse d'arrivée de l'eau sur la roue. On satisfait à ces conditions par l'établissement d'une vanne verticale a à tête d'eau h' (voir figure 2', planche LXXX), de telle façon que la levée mn de la vanne soit, dans tous les cas, notablement inférieure à la hauteur h' de la tête d'eau.

Un coursier bc, incliné à $\frac{1}{10}$ environ, amène l'eau sur la roue; ce coursier est muni de deux joues latérales d, qui se prolongent à 1 mètre environ au delà de la verticale qui passe par l'axe de la roue.

La construction de ce système de roue ne diffère en rien de celle précédemment décrite.

Il est important, comme nous l'avons dit ci-dessus, que la roue ne plonge pas dans l'eau d'aval, et que le versement anticipé de l'eau soit évité par l'établissement d'un coursier cylindrique identique à celui de la figure 1.

La hauteur h' de la tête d'eau dépend tout à la fois de la hauteur totale H de la chute et des variations du niveau d'amont. On ne peut fixer de chiffres absolus à cet égard. Toutefois, les valeurs adoptées doivent se rapprocher des nombres du tableau suivant :

Valeurs de H.	Valeurs de h'.
3 mètres à 4 mètres.	$0^m.60$
4 mètres à 6 mètres.	$0^m.70$
6 mètres à 7 mètres.	$0^m.80$
7 mètres à 8 mètres.	$0^m.90$.

Dans ce système de roue, comme dans le précédent, la vitesse linéaire mesurée à la circonférence extérieure de la roue, doit être à peu près égale à la moitié de celle que possède l'eau à son arrivée sur la roue.

Les roues à tête d'eau peuvent admettre 120 litres et même davantage par mètre de largeur et par seconde.

Leur rendement est un peu inférieur à celui des roues sans tête d'eau et peut être compté en moyenne de 0,75.

Enfin, si le niveau d'aval est un peu variable (0^m,10 à 0^m,150 au plus), mais que le niveau d'amont et le volume d'eau soient très-variables, on doit, de préférence, adopter le type de roue à augets représenté d'une façon générale par la figure 3', planche LXXX.

Le canal d'amenée de l'eau se termine par une huche en fonte a dont la cloison inclinée est munie d'un certain nombre d'ajutages b, b, b. — Ces ajutages peuvent être ouverts ou fermés par deux vannes rectangulaires c, c munies chacune de leur mécanisme de manœuvre. Les augets ont la forme indiquée sur la figure et la fonçaille de la roue est munie d'évents *e* qui facilitent la sortie de l'air et, par conséquent, le remplissage des augets.

On ouvre un ou plusieurs des orifices, d'après le volume d'eau à dépenser et la position du niveau d'amont.

L'eau entre dans cette roue en un point situé entre le sommet et le centre; elle est connue sous la dénomination de type de *Wesserling*, parce que le spécimen le plus remarquable de ce genre de récepteur existe à la filature de Wesserling (Haut-Rhin).

Le diamètre de ces roues se fixe ordinairement en le prenant égal à la hauteur de la chute augmentée d'un mètre; cette règle n'a rien d'absolu; elle est subordonnée à la condition d'obtenir une introduction facile de l'eau dans la roue et une forme convenable pour les augets.

Cette roue tournant dans le sens où l'eau marche dans le canal de fuite, peut être immergée d'une certaine quantité, $0^m,100$ à $0^m,120$. Elle peut admettre 240 litres par seconde et par mètre de largeur, et son rendement est compris entre 0,65 et 0,72.

L'arbre d'une roue à augets peut être exécuté en fer, en fonte ou en bois; il en est de même des bras qui, en général, sont assemblés dans des tourteaux en fonte fixés sur l'arbre.

Quand les augets sont construits en métal (tôle), ordinairement on les courbe suivant une surface cylindrique.

L'Exposition de 1867 ne nous offrant aucun spécimen de roue à augets, nous avons pensé qu'il ne serait pas sans intérêt pour le lecteur d'avoir des dessins d'un spécimen de roue à augets construite entièrement en métal. Ce spécimen est représenté par les figures de la planche LXXXI.

La roue a un diamètre extérieur de 10 mètres et 1 mètre de largeur; elle pèse, y compris son arbre et les engrenages premiers moteurs, environ 18,000 kilog. Cette roue, calée sur un arbre en fonte, porte 120 augets en tôle; les tourteaux sont en fonte, évidés; sur ces tourteaux sont assemblés les bras en fer à I.

La roue porte sur l'une de ses couronnes une roue dentée formée de 12 segments qui s'appliquent contre les bras de la roue hydraulique et sont assemblés à l'aide de boulons.

Un contreventement formé de tirants obliques en fer empêche la déformation transversale de la roue.

Les couronnes de la roue et les augets sont en tôle; ces augets sont fixés aux couronnes à l'aide de cornières rivées.

2° *Roues de côté.* — On désigne sous ce nom les roues emboîtées dans un coursier circulaire, et qui reçoivent l'eau en un point situé entre leur centre et leur partie inférieure.

Appelons : H, la chute totale dont dispose la roue, c'est-à-dire la différence de hauteur des niveaux d'amont et d'aval;

h, la chute utilisée dans la roue, c'est-à-dire la hauteur, au-dessus du niveau d'aval, du point où l'eau entre dans la roue;

V, la vitesse de l'eau à son arrivée sur la roue; v, la vitesse d'un point de la circonférence extérieure de la roue; enfin P, le poids du volume d'eau dépensé par seconde.

La théorie conduit facilement à exprimer en fonction de ces quantités l'effet utile ou travail effectif T du récepteur. On a, en effet :

$$T = Ph + \frac{P}{g}\left(V\cos Vv - v\right)v \qquad (3)$$

De telle façon que la chute utilisée par la roue est exprimée par

$$h+\frac{v}{g}\left(\mathrm{V}\cos \mathrm{V}v-v\right),$$

et que son rendement

$$\mathrm{K}=\frac{h+\frac{v}{g}\left(\mathrm{V}\cos \mathrm{V}v-v\right)}{\mathrm{H}},$$

dont le maximum a lieu pour

$$v=\frac{\mathrm{V}\cos \mathrm{V}v}{2}$$

On sait, en outre, que le rendement est d'autant plus élevé que V est plus petit, c'est-à-dire qu'il convient en général de réduire le plus possible la hauteur de la portion de la chute H, prise comme charge génératrice de la vitesse d'arrivée V de l'eau sur la roue. De là, pour les roues de côté, une première disposition qui consiste à les alimenter par une vanne qui laisse l'eau s'écouler en déversoir. On obtient ainsi une première classe de roues de côté, dites roues *lentes.*

Mais cette condition de l'écoulement en déversoir est souvent incompatible, soit avec le volume d'eau à dépenser, soit avec les variations du niveau d'amont; il en résulte la nécessité d'alimenter par une vanne de fond, c'est-à-dire avec une tête d'eau. Dans ce cas, la vitesse V, et par suite celle v de la roue, sont plus grandes que dans le cas précédent. On obtient ainsi les roues de côté dites *roues mixtes*, ou roues *vives*.

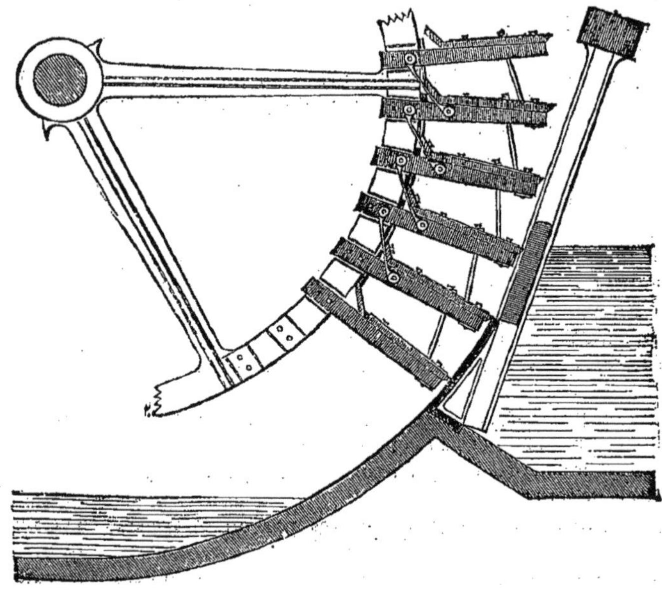

Fig. 1. Roue de côté dite roue *lente*.

La figure 1 ci-dessus représente en élévation une roue *lente*, à aubes planes, construite dans les ateliers de MM. Féray et Cie, d'Essonne.

La vanne motrice est inclinée de façon à se rapprocher le plus possible de la roue; cette vanne glisse dans deux poteaux en fonte logés dans les murs latéraux, et elle s'appuie contre un tablier fixe en fonte, appelé *col-de-cygne*, auquel fait suite un coursier circulaire exécuté en maçonnerie et recouvert d'une couche de ciment; ce coursier doit être construit avec soin, de façon à ce que l'on puisse réduire à quelques millimètres seulement le jeu à laisser entre la roue et ce coursier.

L'épaisseur de la lame d'eau que reçoit une roue lente par une vanne en déversoir doit être au maximum de 0m.350 à 0m.400; au point de vue du rendement et de la bonne introduction de l'eau dans la roue, l'épaisseur la plus convenable est 0m.250.

Le bord supérieur de la vanne doit être arrondi du côté d'amont; souvent même la vanne est munie, de ce côté, d'un bec en tôle courbé de gauche à droite pour guider les filets inférieurs avant leur arrivée sur la vanne, et diminuer, par conséquent, la contraction.

Au lieu de satisfaire à la relation

$$v=\frac{V\cos Vv}{2},$$

la plupart des constructeurs de roues de côté s'imposent la condition

$$v=V\cos Vv$$

moins favorable au point de vue du rendement, mais qui permet de diriger les aubes suivant des rayons de la roue; cette disposition d'aubes planes simplifie et facilite la construction des roues.

Pour utiliser, en partie du moins, la vitesse relative de l'eau dans l'aubage, chaque aube droite est continuée par une contre-aube inclinée sur l'aube et sur la fonçaille.

La fonçaille n'est pas continue; elle présente, entre deux aubes consécutives, un évent destiné à laisser l'air s'échapper, et à permettre ainsi une bonne introduction de l'eau dans la roue.

Une condition absolue au point de vue théorique, à laquelle doivent satisfaire les roues de côté, c'est d'être immergées dans l'eau d'aval d'une quantité justement égale à la hauteur qu'occupe l'eau dans l'aubage parvenu à l'aplomb de l'axe de la roue.

S'il y a insuffisance d'immersion, il y a perte de chute égale à la moitié de cette quantité; si la roue est trop plongée, elle éprouve de la part de l'eau d'aval une résistance qui équivaut aussi à une perte de chute.

Il faut donc, dans tous les cas, fixer avec le plus grand soin la position de la roue, en raison des variations du volume qu'elle doit dépenser et du niveau d'aval.

Dans la roue qui est représentée par la figure ci-dessus, les bras et les couronnes sont en fonte, les coyaux et l'aubage sont en bois. Les coyaux sont fixés chacun par deux boulons dans des compartiments formés par des saillies ou *ergots* venus de fonte avec les couronnes.

Les coyaux sont reliés les uns aux autres par un *chaînage* formé de boulons en fer forgé.

On comprend facilement que les roues de côté peuvent être construites, soit entièrement en bois, soit en bois et métal; ce dernier mode de construction est le plus général. Les bras, les couronnes, les coyaux et l'arbre sont ordinairement en métal et l'aubage en bois.

Un constructeur belge, M. Delnest (de Mons), a exposé un petit modèle d'une roue de côté de son invention, dite roue *à aubes hélicoïdales*. La figure 2 ci-après est une sorte de perspective de cette roue. L'arbre, les tourteaux et les bras ne présentent rien de particulier : la fonçaille est continue et n'a pas d'évents pour le dégagement de l'air. Suivant M. Delnest, l'air sort naturellement en vertu de la forme même des aubes, qui, au lieu d'être dirigées suivant les génératrices du cylindre de la fonçaille, sont formées de deux parties inclinées en sens contraire sur ces génératrices. La forme de l'aubage a certainement pour effet d'occasionner des perturbations dans l'entrée de l'eau; l'absence d'évents, que M. Delnest paraît avoir supprimés dans le but d'augmenter la capacité de sa roue par rapport à celle d'une roue de côté ordinaire, de mêmes dimensions, empêche l'aubage de se dégager facilement de l'eau qui s'y trouve renfermée; l'inclinaison des aubes sur les génératrices de la fonçaille a pour effet de rejeter l'eau d'aval latéralement contre les parois du canal de fuite, qu'elle tend à dégrader. Nous pensons donc que ce système de roue est destiné à rester à l'état de petit modèle, son rendement devant être notablement inférieur à celui d'une bonne roue de côté à aubes planes, établie conformément à la théorie et aux dispositions que la pratique a sanctionnées depuis longtemps.

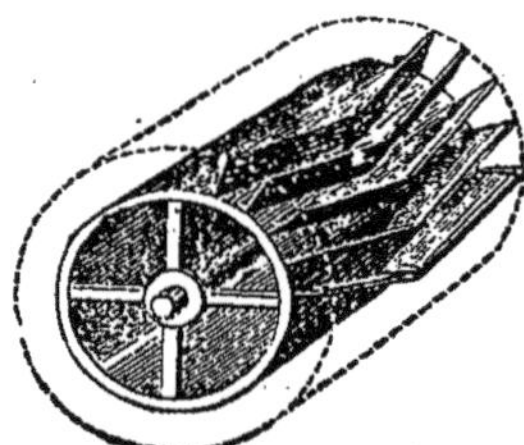

Fig. 2. — Roue de côté, à aubes hélicoïdales.

M. Sagebien, ingénieur à Amiens (Somme), en considérant qu'au point de vue théorique, les deux causes de perte de travail d'une roue hydraulique sont la perte de puissance vive correspondant à la vitesse relative de l'eau dans l'aubage et la perte de puissance vive due à la vitesse avec laquelle l'eau abandonne la roue, a été conduit à étudier un système de roue de côté dans lequel l'eau arrive sur la roue avec une vitesse très-faible, peu différente de celle qu'elle possède dans le canal d'arrivée; de telle sorte que la lame d'eau qui alimente la roue a une épaisseur à peu près égale à la profondeur de l'eau dans ce canal. La roue elle-même marche très-lentement; la vitesse d'un point de sa circonférence extérieure est généralement comprise entre 0m.600 et 0m.700 par seconde (voir la fig. 2 de la pl. LXXX). L'eau ne *tombe* pas dans la roue comme cela a lieu pour les roues de côté ordinaires, avec vanne en déversoir : elle se meut horizontalement, et l'aubage de la roue Sagebien doit se remplir à la façon d'un tuyau ouvert des deux bouts et que l'on plongerait lentement dans l'eau. Ce système de roue est donc en quelque sorte un *compteur d'eau.*

Les conditions théoriques que doit remplir la roue Sagebien exigent que les aubes aient une direction bien différente de celle qui est adoptée dans les roues de côté ordinaires; ces aubes, ainsi que le montre la figure 2 de la planche LXXX, sont toutes tangentes à une circonférence concentrique à la roue.

La vanne motrice descend pour s'ouvrir; en amont de cette vanne, on établit dans le canal d'amenée une fosse destinée à recevoir les pierres qui seraient entraînées par l'eau.

Il faut remarquer que le premier élément des aubes est dirigé suivant le rayon; cette disposition, contraire aux principes sur lesquels repose ce genre de récepteur, a pour but d'empêcher les aubages d'être brisés si un corps dur était pris entre ces aubages et le coursier qui emboîte la roue.

La figure 1 de la planche LXXX représente une roue du système Sagebien, construite entièrement en métal, à l'exception des aubes qui sont en bois.

La faible vitesse que possède cette roue conduit à lui donner un très-grand diamètre (8 à 10 mètres, et même davantage), et un aubage très-profond.

Cette roue fait un tour à un tour et demi par minute. D'après la figure 1 de la planche LXXX, on voit que l'arbre de couche de l'usine fait environ

$1^{t}.5 \times \frac{104 \text{ dents}}{30} \times \frac{144}{36} \times \frac{160}{40} = 83$ tours par minute (en nombre rond). On voit aussi à quelle complication dans la transmission de mouvement conduit l'adoption d'une roue Sagebien.

Dans la figure 1 de la planche LXXX l'arbre est en fer, les tourteaux sont en fonte, les bras sont des fers à I, les couronnes sont en fer méplat, et les coyaux sont des fers cornières rivés sur les couronnes.

Le grand diamètre qu'exige ce système de roue est nécessaire pour que l'eau d'aval n'oppose pas une résistance trop grande au dégagement de l'aubage, en raison même de la direction qu'affectent les aubes.

Pour étudier l'action de l'eau dans son système de roue, M. Sagebien a imaginé de mettre en communication le coursier avec un petit réservoir dans lequel se meut un flotteur à tige verticale. En faisant cette opération pour différents endroits du coursier, il a pu s'assurer que la quantité d'eau renfermée entre deux aubes consécutives varie proportionnellement à la vitesse de la roue ; en sorte que, abstraction faite des fuites par le jeu entre la roue et le coursier, le volume d'eau dépensé par la roue, dans un temps donné, est égal au volume engendré par une aube dans le même temps. Il n'y a, d'ailleurs, là rien qui différencie la roue Sagebien d'une roue de côté ordinaire.

M. Sagebien a exposé trois plans de son système de roue de côté dite *roue siphon* ou *roue à aubes immergentes et à niveau maintenu.*

La figure 3 ci-dessous représente sommairement l'un des trois types exposés; elle s'applique à une roue d'un très-grand diamètre (10 à 12 mètres), dont les

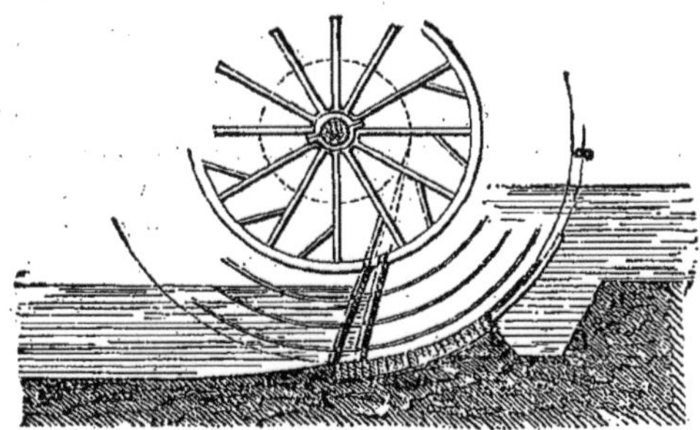

Fig. 3. — Roue Sagebien.

aubes plongent d'au moins 2 mètres dans l'eau d'aval. Une telle roue peut admettre au moins 1,000 litres par seconde et par mètre de largeur. Il convient de faire remarquer ici que la dépense d'eau d'une roue Sagebien ne peut se calculer en appliquant à la vanne motrice la formule relative aux déversoirs, car le calcul ainsi fait indiquerait une dépense beaucoup plus grande que la dépense réelle.

Comme cette roue tourne avec une vitesse très-faible, on comprend aisément que le jeu qui doit nécessairement exister entre l'aubage et le coursier a une influence très-sensible sur le volume d'eau dépensé, qui est, par conséquent, supérieur à la capacité de l'aubage.

Les aubes sont très-rapprochées et très-nombreuses; enfin, la faible vitesse de ce système de roue donne lieu à des efforts considérables sur les aubages et sur les dents des engrenages de départ de la transmission de mouvement.

Dans la figure 3 ci-dessus, l'arbre de la roue est en fer; sur cet arbre sont fixés plusieurs croisillons en fonte, en deux pièces, dont chaque moitié comprend six bras. Les douze bras de chaque croisillon sont assemblés à une couronne en fer méplat, sur laquelle sont rivés les coyaux; ces coyaux sont simplement des fers cornières contre lesquels sont boulonnées les aubes en bois. Le chaînage des coyaux est établi par trois cercles en fer méplat. La vanne, au lieu d'être plane, est une portion de cylindre concentrique à la roue; cette disposition est bonne, en principe, parce qu'elle permet *d'approcher* aussi près que possible la vanne de la roue; mais il y a une grande difficulté à faire bien fonctionner des vannes courbes d'une aussi grande dimension.

La figure 3 de la planche LXXX se rapporte à une roue du même genre, mais de dimensions moindres; le mode de construction qu'elle comporte est celui que M. Sagebien a primitivement adopté; il consiste à composer chaque *embrassure* d'un tourteau en fonte, en une seule pièce, dans lequel viennent se loger les bras, qui sont des fers à I; les coyaux sont des fers cornières, et les couronnes sont des fers méplats sur lesquels les coyaux sont rivés: le chaînage est formé par un cercle en fer méplat.

Nous préférons le mode de construction de la figure 3 ci-contre; il est plus simple: c'est là son seul mérite; car la rigidité n'étant pas la qualité dominante des roues d'aussi grandes dimensions, les *dislocations* sont d'autant plus à craindre que le nombre des assemblages est plus grand.

En amont de la vanne motrice, qui est courbe (figure 3 de la planche LXXX) et concentrique à la roue, se trouve placée une *vanne de garde*, qui est habituellement levée et ne sert que pour mettre à *sec* la vanne motrice en cas de réparation. Nous blâmons la disposition de la fosse établie contre la vanne motrice: les pierres viendront s'y accumuler et pourront empêcher la descente de la vanne: la disposition de la fosse dans la figure 3 ci-dessus est de beaucoup préférable.

Le troisième type exposé (fig. 4 ci-dessous) ne diffère des deux autres que par la forme des aubes, qui sont courbes au lieu d'être planes. Aucune rai-

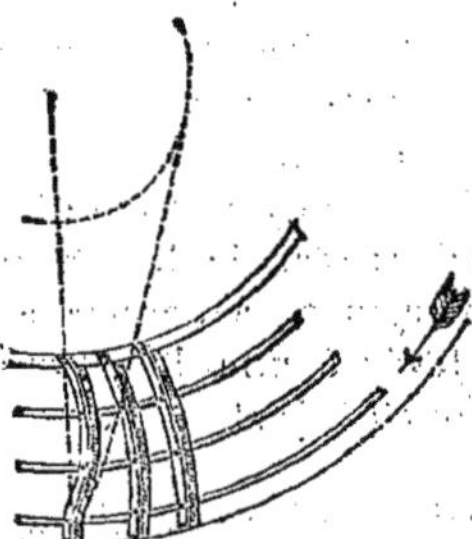

Fig. 4. — Roue Sagebien à aubes courbes.

son théorique ne nous paraît pouvoir être sérieusement donnée pour motiver cette forme; mais la difficulté qui en résulte pour la construction de l'aubage, le danger de rupture qui se manifeste dans le cas où le bout des aubes viendrait à frotter le coursier et la facilité plus grande avec laquelle l'aubage relèvera l'eau d'aval, puisque chaque aube est une sorte de cuiller, nous conduisent, au point de vue de la pratique, à considérer cette forme comme tout à fait vicieuse.

Nous résumerons nos appréciations sur les roues du système Sagebien en disant qu'elles sont très-coûteuses de construction, d'installation et d'entretien; leur transmission de mouvement représente une dépense souvent égale au prix de la roue elle-même; leur mise en train est longue. Elles ne peuvent avoir une durée un peu grande que si elles sont employées à faire mouvoir une usine dont la résistance est parfaitement régulière; elles exigent de fréquentes visites pour resserrer leurs assemblages; elles ne conviennent donc pas à une usine qui doit fonctionner sans interruption.

M. Sagebien s'est chargé lui-même de confirmer notre critique en ce qui touche la trop faible vitesse de ses roues, en exposant la machine élévatoire établie par lui pour la ville de Paris, à Thilbardou, sur la Marne. Les pompes sont mues par une roue de son système; mais la vitesse de la roue est tellement faible qu'il a fallu établir, pour commander les pompes, un arbre spécial qui marche environ trois fois plus vite que celui de la roue, auquel il est relié par une paire d'engrenages droits. Le défaut signalé par nous en a donc amené un autre; car il faut, autant que possible, éviter l'emploi des engrenages dans une machine élévatoire destinée à faire un service permanent, et pour laquelle il faut réduire les chances de ruptures et, par conséquent, de chômage.

Nous devons ajouter à ce qui précède que les roues Sagebien ne conviennent pas aux cours d'eau à niveaux et volume variables; les variations du niveau d'aval ne peuvent être admises que si elles sont telles que le niveau d'aval soit toujours à peu près le même que celui de l'eau dans l'aubage parvenu à l'aplomb de l'axe de la roue; en d'autres termes, si les variations du niveau d'aval sont proportionnelles à celles du volume fourni par le cours d'eau.

Si le volume d'eau est variable, la roue Sagebien sera trop *lourde* à l'étiage et *fatiguera* beaucoup dans les crues; en outre, il se présentera des circonstances (voir la fig. 4 de la pl. LXXX) pour lesquelles le niveau d'aval sera plus élevé que le niveau de l'eau dans l'aubage parvenu à l'aplomb de l'axe; de là, résistance considérable opposée par l'eau d'aval, et par conséquent perte de travail.

Les roues de côté *mixtes* ou *roues vives* sont représentées à l'Exposition par le modèle au 1/10 de l'une des six roues de la nouvelle machine hydraulique de Marly, construite, par les ordres de l'empereur Napoléon III, pour élever l'eau nécessaire à l'alimentation de la ville de Versailles. Les roues de Marly sont à aubes planes et ont 12 mètres de diamètre; leur aubage est en bois et leurs autres parties sont en métal. L'arbre en fer de chaque roue commande, à chacune de ses extrémités, un jeu de deux pompes horizontales à piston plongeur et à simple effet. Cette disposition de commande directe des pompes, sans engrenages, est excellente en principe; mais ici le petit nombre de tours par minute des moteurs a conduit nécessairement à donner aux pompes des dimensions énormes; comme l'eau est élevée à une hauteur de 156 mètres, il en résulte que les pistons et les bielles ont à résister à des efforts énormes; ces organes fatiguent beaucoup.

Si, en principe, la disposition des pompes par rapport aux moteurs de l'usine de Marly doit être approuvée, il n'en est pas de même en ce qui concerne le choix du système de roues. Ces roues utilisent la puissance vive de l'eau, puisque celle-ci leur est fournie par des vannes *de fond*, c'est-à-dire avec charge sur le sommet de l'orifice que chacune d'elles démasque. Au point de vue du rendement, ce type est le moins bon de tous ceux qui auraient pu être adopté

Mais dans le cas qui nous occupe ici, on a pu ne pas se préoccuper de cette considération, puisque c'est la Seine qui les alimente; cependant, les grandes variations des niveaux d'amont et d'aval devaient faire rejeter un tel système de roues, dont les aubages très-profonds fatiguent beaucoup dans les crues. En outre, quelques soins et quelque habileté que le constructeur apporte dans la construction et le montage d'une roue de dimensions si grandes, les assemblages finissent par prendre du jeu par suite des efforts considérables auxquels ils sont soumis. Dans les crues, la marche de ces roues est très-défectueuse : l'eau d'aval tend à remplir l'aubage contre lequel elle produit des chocs continuellement répétés.

Les roues de Marly peuvent donc être admirées pour leur bonne et solide construction, comme tout ce qui sort des ateliers de la maison Féray et Cie, d'Essonne (Seine-et-Oise); mais leur choix, eu égard aux conditions de la chute, n'a pas été judicieusement fait, et, à ce point de vue, cette magnifique installation de Marly présente une infériorité très-marquée sur bon nombre de machines hydrauliques plus modestes que nous connaissons.

3° — *Roues en dessous.* — Dans ce système de roues, l'eau arrive sur le récepteur avec une vitesse due à une charge génératrice à peu près égale à la hauteur de la chute.

Si les aubes sont planes et dirigées suivant des rayons de la roue, celle-ci constitue le récepteur le plus imparfait et dont le rendement théorique ne peut dépasser 50 pour 100; de telle sorte que le rendement pratique ne dépasse pas 35 à 40 pour 100 du travail moteur brut dépensé; encore faut-il, pour que ce résultat soit atteint, emboîter la roue, à sa partie inférieure, dans un coursier circulaire d'une étendue égale à l'intervalle de trois aubes consécutives, afin qu'il ne puisse y avoir, dans aucun cas, communication *directe* entre le bief d'amont et celui d'aval; il faut avoir soin, en outre, que la vanne soit inclinée vers l'amont et rapprochée aussi près que possible de la roue.

On améliore le rendement de ces roues en dessous à aubes planes, en utilisant la vitesse que l'eau possède en les abandonnant, pour produire un *ressaut superficiel;* il en résulte, immédiatement en aval de la roue, un niveau d'aval *factice* plus bas que le niveau d'aval de la chute, et l'on peut gagner ainsi une hauteur de chute égale à 0,35 ou 0,45 de la chute réelle.

Ce résultat est obtenu en faisant suivre le coursier circulaire d'un radier dont l'inclinaison doit être suffisante pour conserver à l'eau une vitesse égale à celle de la roue; ce radier a une longueur de 2 mètres environ; il est suivi d'un radier incliné à 1/15 environ, qui *rattrape* le fond naturel de la rivière.

La hauteur de l'aubage doit être égale au moins à trois fois la levée de la vanne; mais cette règle n'est pas toujours suffisante : il vaut mieux s'imposer la condition que l'aubage soit assez profond pour déborder un peu le niveau d'aval dans sa situation la plus élevée.

M. le général Poncelet a étudié spécialement les meilleures dispositions à prendre, dans les roues à palettes, pour utiliser la puissance vive de l'eau; il a été conduit à établir des roues en dessous, dans lesquelles les aubes sont courbées, de façon que leur premier élément, sur la circonférence extérieure de la roue, a pour direction celle de la vitesse relative de l'eau par rapport à la roue. Il résulte de cette disposition que l'eau entre sans choc dans l'aubage, et qu'elle s'y élève à une hauteur à peu près égale à celle due à sa vitesse relative; l'eau abandonne ensuite la roue avec une vitesse absolue qui peut être bien inférieure à la vitesse de la roue si la forme des aubes a été convenablement étudiée.

En outre, pour que les filets de la lame d'eau qui vient agir sur la roue se trouvent tous placés dans les mêmes conditions théoriques, eu égard à la forme adoptée pour l'aubage, M. le général Poncelet établit entre la vanne motrice et le bas de la roue un coursier courbe dont le profil longitudinal est un arc de développante de cercle.

L'Exposition universelle ne nous offre aucun exemple intéressant des roues en dessous à aubes planes, ni des roues à la Poncelet; mais nous avons pensé qu'il convenait de combler cette lacune en décrivant une roue à aubes courbes du système Poncelet, complétement en métal, établie à la manufacture de Guérigny (voir pl. LXXXII).

L'arbre de cette roue est en fer; sur cet arbre sont calés trois tourteaux en fonte qui reçoivent chacun huit bras en fer plat fixés par des boulons. Ces bras sont rivés à des segments de couronnes en tôle réunis par des couvre-joints rivés; les aubes sont des feuilles de tôle courbées suivant un gabari; elles sont fixées sur des fers cornières, courbés suivant le même gabari et rivés sur les couronnes; les bras d'une même embrassure sont réunis, vers le milieu de leur longueur, par un chainage composé de barres de fer méplates fixées aux bras par des boulons; enfin l'écartement des trois couronnes est maintenu par des entretoises en fer rond.

Ce mode de construction est à la fois léger et très-solide.

Le rendement des roues Poncelet varie de 0,50 à 0,65.

Pour terminer notre compte rendu, en ce qui concerne les roues hydrauliques ordinaires, nous devons mentionner les dessins et modèles de roues à aubes, dites roues *flottantes*, de M. Colladon, ingénieur civil (section suisse). Ce sont des roues à palettes planes destinées à utiliser la puissance des cours d'eau à niveaux très-variables et à chute très-faible; ces roues utilisent la puissance vive de l'eau, et, pour qu'elles ne soient pas noyées dans les crues, M. Colladon monte leurs axes sur des supports mobiles qui permettent d'élever ou d'abaisser le récepteur selon que les niveaux montent ou descendent. C'est un système de roues très-primitif, dont le rendement est inférieur à celui des roues en dessous ordinaires, à aubes planes bien établies. Il ne peut convenir pour des roues de grande puissance, à cause de la complication qui résulte de l'*amovibilité* de l'axe et du peu de rigidité qui en est la conséquence.

CHAPITRE DEUXIÈME.

TURBINES.

On désigne sous ce nom les récepteurs hydrauliques destinés à utiliser la puissance vive que possède l'eau, en vertu de la vitesse avec laquelle elle arrive sur le récepteur, cette vitesse étant due à une hauteur sensiblement égale à celle de la chute; l'eau est amenée sur les aubes de la couronne mobile, ou turbine proprement dite, par des canaux adducteurs répartis sur la circonférence de la turbine ou seulement sur une portion de cette circonférence, et dont l'ensemble constitue la couronne fixe, ou directrice, ou distributeur.

Les turbines peuvent d'ailleurs être montées sur un arbre vertical ou sur un arbre horizontal.

Il y a deux classes de turbines à arbre vertical. Dans celles de la première classe, l'eau arrive horizontalement, sur les aubes de la couronne mobile, par l'intérieur de celle-ci, et elle en sort horizontalement en s'éloignant de l'axe, par conséquent : c'est le système Fourneyron. Les aubes mobiles forment alors une série de canaux cylindriques verticaux compris entre deux parois horizontales.

Dans celles de la deuxième classe, dites turbines du système d'Euler, l'eau entre dans la couronne mobile par sa face supérieure et en sort par sa face inférieure, en restant sensiblement à une distante constante de l'axe.

§ 1er. — *Turbines du système Fourneyron.* — Notre cadre, nécessairement limité, ne nous permet pas d'exposer ici les considérations théoriques sur lesquelles M. Fourneyron s'est appuyé dans la conception de la turbine qui porte son nom. Ces considérations sont développées dans les traités spéciaux sur la matière.

Nous nous bornerons à décrire une turbine de ce système, représentée sur la figure 1 de la planche LXXXIII.

La couronne mobile, ou turbine proprement dite T, est calée sur un arbre vertical en fer forgé A, dont l'extrémité inférieure est terminée par un pivot qui tourne dans une boîte crapaudine *b*. Cette boîte est fixée par des boulons à scellement sur une forte pierre dure scellée dans le radier du canal de fuite.

Un levier *l*, relié à une tringle qui monte au rez-de-chaussée, permet de régler la hauteur de l'arbre, de façon à remédier à l'usure du pivot et de son pas fixe et à maintenir la couronne mobile toujours dans la même situation.

L'arbre vertical A tourne dans un fourreau fixe en fonte F, qui supporte à sa partie inférieure la couronne fixe ou directrice P, munie en son centre d'un moyeu très-long, alésé et ajusté sur ce fourreau.

Le fourreau F est centré et maintenu dans sa position par un collier en fonte B et trois entretoises en fer forgé qui sont fixées à trois sabots en fonte B′, boulonnés sur la collerette supérieure d'un grand cylindre en fonte C.

Le cylindre C sert de guide à un cylindre intérieur V, en fonte, qui constitue le vannage de la turbine, et qui peut s'élever ou s'abaisser en glissant entre la turbine et la couronne fixe.

Cette vanne se manœuvre au moyen de trois tringles verticales *t* qui montent au rez-de-chaussée et qui se terminent par des parties filetées s'engageant dans des écrous de rappel actionnés par un mécanisme unique, de façon à ce que les trois tringles montent ou descendent en même temps de la même quantité.

Le cylindre C est boulonné sur un cadre en charpente qui forme le fond de la chambre d'eau de la turbine.

La couronne fixe P est munie d'aubes directrices qui partent de la circonférence extérieure, et dont la moitié arrive au moyeu, tandis que l'autre moitié arrive seulement à la circonférence moyenne. Ces aubes donnent à l'eau la direction convenable pour son introduction dans la couronne mobile.

Un grave inconvénient de ce système de turbine, c'est la facilité avec laquelle les herbes et les feuilles peuvent s'accumuler dans la couronne directrice : cela tient à la disposition même des aubes; aussi faut-il avoir soin d'établir un râtelier très-serré en avant de la chambre d'eau.

Théoriquement, cette turbine doit tourner noyée dans l'eau d'aval pour qu'il n'y ait pas de chute perdue; mais il faut qu'elle soit noyée seulement de la quantité dont on lève la vanne.

Si la turbine est placée hors de l'eau d'aval et que la vanne soit tout à fait levée, cette turbine sera placée dans ses conditions normales quant au mode d'action de l'eau; il y aura pression dans l'intérieur des canaux de la couronne mobile, et la turbine marchera par réaction; si, au contraire, la vanne n'est levée que d'une partie de sa course totale, le mode d'action de l'eau peut changer : les veines liquides, en quittant les canaux de la couronne fixe, entrent dans la couronne mobile, dont la capacité est alors relativement trop grande; il s'y produit des perturbations qui se traduisent par un abaissement dans le rendement du récepteur.

Enfin, si la turbine est noyée et que la vanne soit levée d'une hauteur moindre que le regord, l'eau d'aval rentre dans la couronne mobile et elle est frappée par l'eau motrice : d'où résulte encore une perte de travail plus ou moins grande.

Des expériences faites sur une turbine Fourneyron, établie à la filature d'Inval, sous une basse chute et marchant noyée, ont donné les résultats consignés dans le tableau suivant :

Levée de la vanne.....	0m.091	0m.145	0m.200	0m.300	0m.345
Rendement...........	0 .49	0 .58	0 .67	0 .69	0 .71

On voit donc que le rendement diminue considérablement avec la levée de la vanne.

M. Fourneyron, dans le but de remédier à cet inconvénient capital, a imaginé de partager la hauteur de la couronne mobile (fig. 1, pl. LXXXIII) en trois compartiments séparés par des cloisons horizontales; mais ces cloisons ne correspondent qu'à trois levées de vanne différentes, et ne font, par conséquent, disparaître l'inconvénient que pour trois positions particulières de la vanne. C'est un palliatif peu efficace.

M. Fourneyron a exposé au Champ de Mars une turbine de son système, à bâche complète en fonte, qui ne présente rien de remarquable. C'est toujours le mode de construction adopté par lui au début : le pivot est placé à la partie inférieure de l'arbre vertical comme dans la turbine que nous venons de décrire; il est donc constamment dans l'eau; c'est une disposition très-vicieuse, qui a été condamnée depuis longtemps par la pratique et que l'on est surpris de rencontrer encore aujourd'hui. Le graissage du pivot est très-difficile, sinon impossible, et ses réparations exigent le démontage complet de la machine. Quant à la turbine elle-même, la disposition de son vannage la rend impropre à bien utiliser la puissance d'un cours d'eau à volume et à niveaux variables. Cette turbine est un spécimen de ce qui se faisait il y a vingt ans; on ne s'explique pas à quel titre elle figure dans une exposition qui a pour but de révéler les progrès accomplis dans l'industrie depuis cinq ans.

Dans cette même classe de turbines, nous citerons celles qui ont été exposées par la maison Williamson frères, de Kendal (Grande-Bretagne), dans lesquelles l'injection ou arrivée de l'eau motrice a lieu extérieurement à la couronne mobile; cette disposition n'offre théoriquement aucun avantage : elle complique la construction de la turbine, et doit être rejetée, comme la turbine Fourneyron elle-même, parce qu'elle exige un volume d'eau constant et une vitesse de rotation absolument constante, et que ces conditions ne peuvent en général être satisfaites dans la pratique.

Quand les chutes sont élevées, on ne peut en général placer les turbines dans des chambres d'eau construites en maçonnerie et charpente, parce qu'il en résulterait une dépense trop considérable.

Dans ce cas, la turbine est montée dans une bâche en fonte alimentée par un tuyau qui vient du bief supérieur.

Il faut que la hauteur de l'eau d'amont, au-dessus des orifices de la couronne mobile d'une turbine, soit suffisante pour qu'il ne se produise pas d'entonnoirs au-dessus de ces orifices; une hauteur d'un mètre est un minimum au-dessous duquel il ne convient pas de descendre. En outre, il est nécessaire, pour le libre dégagement de l'eau en aval, de donner une profondeur assez grande au canal de fuite, sous la turbine, pour que la vitesse moyenne de l'eau n'y soit pas supérieure à $0^m,600$ environ.

Ces conditions ne peuvent pas toujours être remplies avec une turbine à chambre d'eau ouverte quand la chute est peu élevée; l'approfondissement du canal de fuite exige des travaux de fouilles, d'épuisement et de fondation souvent très-coûteux. L'importance de ces travaux se trouve considérablement réduite à l'aide d'une disposition très-simple imaginée et souvent appliquée par M. L.-D. Girard, ingénieur civil, à Paris.

La figure 2 de la planche LXXXIII, sur laquelle nous reviendrons plus loin, représente l'application de cette disposition à une turbine du système Fourneyron. Elle consiste à alimenter la turbine à l'aide d'un siphon en fonte qui relève l'eau à un niveau supérieur au niveau d'amont, de telle façon que la couronne mobile peut être placée à la hauteur du niveau d'aval et que la formation des entonnoirs est absolument évitée; la forme du siphon est étudiée en vue de bien guider l'eau à son arrivée sur la couronne mobile, et d'utiliser, par conséquent, la puissance vive correspondant à la vitesse qu'elle possède dans ce siphon.

La section diamétrale de la couronne mobile et la forme des aubes a été modifiée par M. Girard de manière que la turbine marche par libre déviation, c'est-à-dire que l'eau s'écoule dans les canaux de la couronne mobile comme dans un canal découvert à l'air libre; de telle sorte que la marche de cette turbine satisfait le mieux possible à la théorie qui s'applique au mouvement d'un filet liquide isolé.

Le vannage de la turbine représentée sur la figure 2 de la planche LXXXIII se compose d'un cylindre en fonte comme dans la turbine Fourneyron; mais le profil diamétral de cette vanne cylindrique est beaucoup plus favorable à un bon guidage des veines liquides : l'eau sort de la couronne fixe par une série d'ajutages coniques formés par les aubes de cette couronne, par sa paroi intérieure B et par celle de la vanne cylindrique C.

La couronne mobile A est calée au bas d'un arbre creux en fonte D qui passe dans l'intérieur du fourreau central de la bâche, et se termine à la partie supérieure par un œil évidé E, dans lequel se trouvent logés le pivot et la boîte crapaudine. Cette boîte est vissée à l'extrémité supérieure d'un arbre fixe central F, en fer forgé, qui règne à l'intérieur de l'arbre creux, et dont la partie inférieure est clavetée dans une crapaudine fixe ou poêlette en fonte fixée sur une forte pierre dure qui est scellée dans le radier du canal de fuite. Il résulte de ce mode de construction que le pivot de la turbine est placé au rez-de-chaussée, à l'abri de l'eau, et que le graissage et les réparations de cette partie la plus délicate de la machine sont rendus très-faciles.

La figure 3 de la planche LXXXIII représente les détails de construction de l'œil de l'arbre creux, du pivot et de sa boîte crapaudine.

La colonne centrale A se termine par une tête filetée B, sur laquelle est vissée la boîte crapaudine C, ordinairement en fonte; sur l'extrémité de la colonne centrale, on incruste le pas fixe en acier D du pivot. La boîte crapaudine porte en son centre un boîtard E garni de bronze et réuni à la boîte par quatre nervures.

Le pivot F est terminé par une partie filetée qui s'engage dans la tête H de l'arbre creux, dans laquelle il peut monter ou descendre à l'aide de l'écrou I.

A cet effet, le pivot porte une rainure ajustée sur une clef fixe incrustée dans la tête H.

Entre le pivot et le pas fixe, on interpose souvent un nombre plus ou moins grand de rondelles mobiles en acier, afin d'éviter l'échauffement et le grippement du pivot.

Il arrive souvent que le niveau d'aval est variable; c'est même là le cas ordinaire. Dans cette circonstance, on place la turbine de façon que sa face inférieure affleure le niveau d'aval de l'étiage. Il en résulte que, dans les crues, la turbine est noyée; cette immersion de la couronne mobile est une bonne chose, pour la turbine Fourneyron, quand la vanne est levée en entier; mais il n'en est plus de même quand le regord en aval correspond à un volume d'eau insuffisant pour permettre d'ouvrir le vannage entièrement. Cette circonstance se présente fréquemment, parce que la capacité de la turbine se calcule en vue d'obtenir, même sous la chute minimum, la puissance dont l'usine a besoin. Ainsi que nous l'avons dit précédemment, dans ces conditions, les aubes de la couronne mobile sont remplies partiellement par l'eau d'aval, qui s'y trouve en repos relatif; il en résulte un choc de l'eau motrice en mouvement sur l'eau en repos, et par conséquent une perte de travail. Pour faire disparaître ce grave inconvénient, commun à tous les systèmes de turbines, et pour maintenir sensiblement constant le rendement du récepteur dans les conditions où nous le supposons placé, M. L.-D. Girard a imaginé de dénoyer artificiellement la turbine, à l'aide de l'air comprimé refoulé sous la couronne mobile, par une petite machine soufflante mue par la turbine elle-même.

Ce perfectionnement très-important est indiqué, sur la figure 2 de la planche LXXXIII, comme ayant été appliqué à une turbine du système Fourneyron, modifié par M. Girard. L'emplacement de la couronne mobile est recouvert d'une cloche en fonte H parfaitement étanche, dans laquelle débouche le tuyau *m* d'injection de l'air comprimé. La cloche H se prolonge en aval par une sorte de tambour plat I, en tôle, qui se termine par une portion formant réservoir, ou *récolteur d'air* K, dans laquelle se rassemble l'air entraîné mécaniquement par l'eau qui s'échappe de la turbine. Un tube vertical *n*, terminé par une sorte d'entonnoir renversé *o*, sert de trop-plein à l'air; la position du bord inférieur de l'entonnoir détermine celle du niveau d'aval *artificiel* produit sous la turbine par l'insufflation de l'air, de telle façon que la couronne mobile fonctionne dans l'air, quelle que soit la position du niveau d'aval.

Nous verrons plus loin le bénéfice important que l'on recueille de cet ingénieux perfectionnement.

§ 2. — *Turbines dites du système d'Euler*. — Dans ce système de turbines, l'eau entre par le dessus de la couronne mobile et en sort par le dessous.

Pour ne pas perdre de chute, il faut donc placer la face inférieure de la couronne mobile à la hauteur du niveau d'aval le plus bas. Si ce niveau est constant, la turbine sera toujours dénoyée. Ce type présente donc, sous ce rapport, un avantage incontestable sur la turbine Fourneyron, qui doit marcher constamment plongée dans l'eau d'aval pour remplir la même condition de ne pas perdre de chute.

L'un des premiers constructeurs français qui aient appliqué les principes d'Euler à la construction des turbines, c'est M. Fontaine (de Chartres).

Les figures 4, 5 et 6 de la planche LXXXIII renferment l'ensemble et les principaux détails d'une turbine que ce constructeur a établie au moulin de Vadenay.

Le canal d'arrivée B est prolongé par une chambre d'eau formée de deux murs latéraux en maçonnerie hydraulique, d'un cadre en charpente A, et d'une cloison verticale D également en bois.

La couronne fixe ou directrice F est boulonnée sur le cadre A: la couronne mobile H est calée au bas d'un arbre creux L, dont le pivot, placé au rez-de-chaussée, est disposé d'une façon analogue à celui que représente la figure 3 de la planche LXXXIII. La colonne centrale, ou arbre fixe, qui porte à son extrémité supérieure la boîte crapaudine du pivot, est clavetée par le bas dans un support en fonte boulonné sur une pierre dure engagée dans le radier du canal de fuite.

Le croisillon de la couronne fixe sert de boîtard à l'arbre creux, et, pour éviter une perte d'eau motrice par ce boîtard, l'arbre est entouré d'un fourreau en fonte I, en deux pièces, qui s'élève un peu au-dessus des plus hautes eaux d'amont.

Le vannage de la turbine est formé de trente-deux vannettes verticales en fonte V (voir fig. 5 et 6), qui glissent dans des rainures pratiquées dans les joues latérales de la couronne fixe; chaque vannette est attachée à une tige en fer i fixée par deux écrous sur un cercle en fonte *c*. Ce cercle est suspendu à trois ou à un plus grand nombre de tringles verticales T en fer forgé, terminées à leur partie supérieure par une partie filetée qui s'engage dans un écrou de rappel en bronze *m* placé sur le plancher du rez-de-chaussée, et pouvant simplement tourner dans une douille venue de fonte avec l'un des bras d'une araignée en fonte qui sert de second boîtard à l'arbre creux.

Chaque écrou *m* porte un pignon droit *p*; tous les pignons engrènent avec une roue unique *r;* de telle sorte qu'en actionnant cette roue dans un sens ou dans l'autre, on détermine la rotation des écrous de façon à produire l'exhaussement ou la descente des tiges T, du cercle *c*, et, par conséquent, des trente-deux vannettes. De telle façon que s'il faut réduire la dépense d'eau de la turbine au tiers ou au quart de sa capacité totale, on n'ouvrira chacune des vannettes que du tiers ou du quart de sa levée totale,

Mais pour que le rendement d'une turbine puisse se maintenir sensiblement constant, malgré les variations du volume d'eau dépensé, il faut, abstraction faite pour le moment de toute autre condition, que les orifices ouverts dans la couronne fixe ou distributeur le soient en entier. Pour nous faire comprendre complétement, nous prendrons un exemple : supposons qu'une turbine recevant l'eau sur tout son pourtour n'ait à dépenser, durant certaines périodes de l'année, que la moitié ou le tiers du volume d'eau qui correspond à sa capacité totale; il y a deux moyens de réduire la dépense de la turbine, de façon qu'elle soit justement égale au volume fourni par la rivière : le premier, employé par M. Fontaine dans la turbine que nous venons de décrire, consiste à réduire proportionnellement l'ouverture de tous les orifices du distributeur (à moitié ou au tiers dans l'exemple choisi). C'est un moyen *très-vicieux* et qui affaiblit considérablement le rendement du moteur dans la saison des basses eaux, c'est-à-dire précisément quand il y a le plus grand intérêt à tirer le meilleur parti possible de la puissance hydraulique.

Le second moyen, dont les applications les plus rationnelles et les meilleures sont dues à M. L.-D. Girard, consiste à n'ouvrir que le nombre d'orifices correspondant au volume à dépenser (la moitié ou le tiers dans l'exemple choisi), de telle façon que les orifices ouverts le soient en entier. Tel est le principe des *vannages partiels* appliqués aux turbines.

MM. Brault et Béthouard, de Chartres (ancienne maison Fontaine et Brault), ont exposé une turbine du système d'Euler, dans laquelle l'eau n'est donnée que sur deux quarts opposés de la circonférence. Le vannage partiel de cette turbine se compose de deux bandes de gutta-percha clouées sur de petites planchettes qui forment une série de charnières successives. Ces deux bandes sont attachées par l'une de leurs extrémités à un point de la couronne fixe; par l'autre extrémité, elles sont fixées à deux rouleaux coniques en fonte qui se meuvent sur les orifices du distributeur, en enroulant ou en déroulant les deux bandes. Ce système de vannage présente deux inconvénients : le premier, et le plus grave, c'est qu'il ne ferme pas bien les orifices; cela résulte de ce qu'il n'est pas disposé pour chasser les corps étrangers qui viennent se placer au-dessus des orifices du distributeur; en outre, cette série de petites planchettes constitue une construction assez compliquée et donne lieu à de fréquents dérangements. Le second inconvénient est dû à ce que l'entrée de l'eau dans les orifices voisins des deux rouleaux est gênée par leur présence; l'eau s'y engage mal, et il en résulte une réduction dans le rendement d'autant plus grande que le nombre total des orifices ouverts est plus petit.

M. Larger, de Felleringen (Haut-Rhin), a exposé deux turbines du système d'Euler, à vannage partiel. Ce vannage se compose de clapets à charnières dont l'inconvénient est manifeste, puisqu'en se rabattant pour se fermer, ces clapets retiendront les corps étrangers placés au-dessus des orifices. L'inconvénient d'une mauvaise fermeture existe ici comme dans le vannage à rouleaux dont nous venons de parler. Ajoutons que ce vannage ne peut être actionné par un régulateur de vitesse automatique, et que, dans beaucoup de cas (filature, tissage, moulin, etc.), l'emploi de ce régulateur est nécessaire. M. Larger suit les traditions de M. Fourneyron, et place, comme lui, le pivot de la turbine dans l'eau, à la partie inférieure de l'arbre.

M. Laurent aîné, de Dijon, a exposé une turbine du système d'Euler, dont le distributeur porte vingt-quatre orifices qui peuvent être ouverts ou fermés par douze clapets à charnière. Il n'y a là aucune différence avec la turbine de M. Larger. Nous signalerons un défaut capital dans la turbine Laurent : la couronne mobile porte quarante-huit aubes, d'après le plan que le constructeur a mis en regard de sa turbine, tandis que la couronne directrice ou distributeur n'en a que vingt-quatre; il en résulte que l'eau est mal guidée à son entrée dans la couronne mobile, et que les corps étrangers (pierres, morceaux de bois, etc.) qui peuvent passer dans les orifices du distributeur seront retenus à coup sûr dans la couronne mobile, qu'ils finiront par obstruer.

M. Cheneval, de Pontoise, a exposé aussi une turbine du même système, dont le vannage est formé, comme dans les deux précédentes, par des clapets à charnière. Nous aurions donc à faire de la turbine Cheneval la même critique que des deux autres.

Un autre constructeur mécanicien, M. L. Protte, de Vendeuvre (Aube), a exposé deux turbines d'Euler à vannages partiels. L'un des vannages se compose d'une série de clapets (un ou deux pour chaque orifice du distributeur) manœuvrés par une couronne à double gorge. Ce constructeur a pu trouver le mécanisme du vannage tout créé dans l'un des types de turbines de M. Girard; mais il a eu tort de remplacer les vannes-tiroirs, ouvrant ou fermant plusieurs orifices à la fois, par les clapets dont nous venons de parler, et dont le fonctionnement doit être tout à fait irrégulier. Le moindre corps étranger empêchera ces clapets de s'ouvrir et de se fermer convenablement. Tout cet ensemble constitue donc un mécanisme très-imparfait.

L'autre vannage rappelle le vannage à *papillon* de M. Girard : il se compose de deux vannes circulaires ou papillons qui se meuvent sur les orifices du distributeur, concentriquement à l'axe de la turbine. Nous avons été surpris de trouver là une copie d'une disposition brevetée; mais nous devons ajouter cependant qu'elle n'est pas identique à la disposition du vannage à papillon Girard, en ce sens que les deux papillons L. Protte occupent chacun une demi-circonférence. Les orifices du distributeur sont placés sur deux demi-circonférences concentriques, mais de rayons différents. Les orifices de la demi-circonférence intérieure sont déviés pour correspondre, comme les autres, aux aubes de la couronne mobile. Cette déviation occasionne des perturbations très-grandes dans l'écoulement de l'eau; c'est un artifice de constructeur, mais il nuit au rendement du récepteur.

Une observation générale qui s'applique à toutes les turbines que nous avons vues à l'Exposition, c'est que les dimensions des aubes de la couronne mobile et celles des aubes de la couronne fixe ne sont pas dans le rapport qui convient pour que ces turbines fonctionnent à libre déviation. Il en résulte que les variations de la vitesse de rotation de ces turbines ont une grande influence sur leur rendement et même sur leur dépense. Nous n'avons pas pour mission d'indiquer ici les règles à suivre pour que la condition de la libre déviation soit remplie; il suffit que nous rappelions que ces règles ont été établies et appliquées par M. Girard dans toutes les turbines qu'il a installées, soit seul, soit en collaboration avec M. Charles Callon, ingénieur civil, tant en France qu'à l'étranger.

En résumé, l'Exposition universelle de 1867 ne montre nullement les progrès réalisés depuis plusieurs années dans la construction des turbines.

Nous avons pensé qu'il convenait de compléter notre étude en comblant la lacune que nous venons de signaler; d'ailleurs, nous restons ainsi entièrement dans le programme tracé par l'honorable directeur de cette publication.

Nous commencerons d'abord par rappeler quelques généralités applicables à tous les systèmes de turbines.

La forme des aubes de la directrice étant déterminée, on en déduit celle des aubes de la couronne mobile, de telle façon que l'eau entre sans choc dans cette couronne; il faut pour cela que le premier élément des aubes de la turbine soit dirigé suivant la vitesse *relative* d'entrée de l'eau.

Le rapport entre la vitesse *absolue*, avec laquelle l'eau sort des orifices du distributeur et la vitesse linéaire à la circonférence de la turbine, peut être pris pour ainsi dire arbitrairement; cependant la valeur de ce rapport n'est pas indifférente pour le rendement.

Si la vitesse linéaire de la turbine (vitesse dite *d'entraînement*) est à peu près égale à celle de l'eau, la turbine est dite *à grande vitesse*. Le choix de ce rapport permet de dépenser un grand volume d'eau avec une turbine d'un diamètre relativement restreint. L'adoption d'une turbine à grande vitesse est souvent motivée : 1° par la nécessité de dépenser un grand volume d'eau sous une faible chute ($1^m.000$ et même moins); 2° par la réduction qui en résulte dans le prix de la turbine et des ouvrages destinés à la recevoir (fondations, chambre d'eau, etc.); 3° par l'avantage d'obtenir pour l'arbre de la turbine une vitesse plus grande qui permet de simplifier beaucoup, dans la plupart des cas, la transmission de mouvement qui doit relier l'arbre de la turbine à l'arbre de couche de l'usine. Mais le rendement d'une turbine à grande vitesse ne dépasse guère 0,65 du travail moteur brut dépensé.

Aussi, dans la plupart des cas, même pour des chutes peu élevées, préfère-t-on donner à la turbine une vitesse égale à la moitié environ de celle de l'eau; ce rapport de moitié environ entre les vitesses considérées caractérise les turbines dites *à petite vitesse*, dont le rendement peut toujours être notablement supérieur à celui d'une turbine à grande vitesse fonctionnant dans les mêmes conditions de chute et de volume.

Les seuls perfectionnements importants et rationnels apportés dans la construction des turbines du système d'Euler sont dûs à M. Girard.

La figure 1 de la planche LXXXIV représente une turbine Girard, à chambre d'eau ouverte, dont le vannage partiel se compose d'une série de vannettes verticales comme celles de la turbine Fontaine, représentée dans la planche LXXXIII; mais, au lieu que les vannettes soient levées toutes à la fois, elles sont levées l'une après l'autre à l'aide d'une couronne en fonte A, à deux gorges horizontales réunies par deux plans inclinés diamétralement opposés qui agissent successivement sur les mentonnets dont sont munies les tringles des vannettes; ces tringles sont guidées dans des tubulures *b* venues de fonte à la circonférence d'un croisillon en fonte B, dont le moyeu sert d'axe de rotation à la couronne A et de boîtard pour l'arbre creux de la turbine.

Les bras du croisillon B sont reliés à ceux de la couronne directrice par des tirants verticaux en fer forgé qui donnent beaucoup de solidité à toute la construction.

La couronne A à deux gorges est dentée et actionnée par un pignon *p* mû à l'aide d'une transmission de mouvement qui le relie à une manivelle placée à la portée des ouvriers. Ce système de vannage fonctionne parfaitement et se prête on ne peut mieux à l'action d'un régulateur de vitesse automatique.

L'inconvénient que nous avons signalé pour la turbine Fourneyron, quand le niveau d'aval est variable, existe aussi pour les turbines du système d'Euler toutes les fois que le regord en aval se produit sans que le volume d'eau fourni par la rivière soit assez grand pour permettre d'ouvrir tout le vannage.

M. Girard y a remédié d'une façon complète en dénoyant artificiellement la turbine par l'air comprimé, ainsi que nous l'avons expliqué précédemment.

La figure 1 de la planche LXXXIV indique la disposition de l'appareil hydropneumatique de M. Girard, appliqué à une turbine à chambre d'eau ouverte.

De nombreuses expériences ont été faites pour en constater la valeur; nous en reproduisons quelques-unes dans le tableau suivant, dont les éléments sont extraits des notices que M. Girard a publiées sur ses travaux[1].

1. GIRARD. Hydraulique. Utilisation de la force vive de l'eau appliquée à l'industrie Critique de la théorie connue et Exposé d'une théorie nouvelle, avec 13 planches in-4° 41 pages. Paris, 1863. Prix : 15 fr.

Expériences sur 3 turbines du système Girard, à petite vitesse et vannes partielles, indépendantes, marchant dans l'air.

DÉSIGNATION.	CHUTE.	NOMBRE de vannettes ouvertes.		RENDEMENT de la Turbine. marchant dans l'air.	RENDEMENT de la Turbine. marchant dans l'eau d'aval.	AVANTAGE de la marche dans l'air comprimé.
Papeterie d'Egreville (Seine et Marne).						
$2r = 2^m.48$ 40 courbes fixes	1.79	10 (sur 40)	0.25	0.70 à 0.75	0.58 à 0.68	$\frac{0.70 - 0.58}{0.58} = 0.21$
40 — mobiles (h' = 0.30)	1.63	16	0.40			$\frac{0.75 - 0.68}{0.68} = 0.10$
Tu = 30 chevaux sous 1 mètre de chute minimum.	1.60	20	9.50			
Fabrique de caoutchouc Persan (Seine et Oise).	2.710	24 (sur 80)	0.30	0.78 à 0.80	N. B. La turbine est dénoyée naturellement.	»
2 r = 1.70 80 courbes fixes	2.660	32	0.40			
54 — mobiles (h' = 0.20)	2.535	36	0.45			
Filature d'Amilly (Loiret).						
2 r = 3.600	1.80	14 (sur 80)	0.17	0.69	»	
80 courbes fixes		18	0.22	0.71	»	
60 — mobiles (h' = 0.36)		24	0.30	0.73	»	
		30	0.375	0.77	»	
		36	8.45	0.78	»	
		48	0.60	0.80	»	
		48	0.60	»	0.70	$\frac{0.80 - 0.70}{0.70} = 0.14$

La figure 1 de la planche LXXXV représente la coupe verticale diamétrale d'une turbine à chambre d'eau ouverte, du système Girard, dans laquelle l'eau n'est admise que sur deux quarts opposés de la circonférence. Le vannage partiel se compose de deux secteurs ou papillons *a*, *a*, manœuvrés chacun par un mécanisme spécial; les manivelles des deux mécanismes sont placées au rez-de-chaussée; la figure 1 ne représente que l'une d'elles. Nous devons signaler en passant l'heureuse et solide disposition des supports de l'arbre vertical de la turbine et de l'arbre de couche.

Les deux papillons se manœuvrant *indépendamment* l'un de l'autre, on peut se contenter, dans les très-basses eaux, de n'ouvrir que l'un d'eux; cela est favorable au maintien du rendement, malgré des variations très-grandes dans le volume d'eau dépensé. — Il est clair que cette turbine, qui, au maximum, n'est alimentée que sur sa demi-circonférence, ne doit jamais être noyée. Si le niveau d'aval est variable, on place la turbine de façon à ce qu'elle utilise entièrement la chute maximum de l'étiage, et, dans les crues, on la dénoie artificiellement par l'air comprimé.

Une turbine de ce genre est applicable au cas de volumes très-variables, mais peu considérables (1000 à 1500 litres au maximum par seconde), avec une chute moyenne, ou, au cas de volumes très-variables, avec une chute élevée. Dans ce dernier cas, la turbine se place dans une bâche fermée en fonte.

Souvent la grande hauteur de la chute n'est pas la seule raison déterminante dans l'adoption d'une bâche fermée en fonte. La nécessité de laisser le rez-de-chaussée complétement libre, ou la disposition spéciale des lieux conduit souvent à remplacer la chambre d'eau en charpente et maçonnerie par une bâche en fonte, dans laquelle l'eau d'amont est introduite à l'aide d'un tuyau.

La figure 3 de la planche LXXXV est relative précisément à une turbine à bâche étroite, du système Girard, établie sous une basse chute; la figure en question renferme les dispositions à donner, dans ce cas, à l'appareil hydropneumatique.

La turbine est alimentée d'eau sur tout son pourtour, et le vannage se compose de dix ou douze vannes-tiroirs qui se meuvent horizontalement au moyen d'une couronne horizontale à deux gorges circulaires, réunies par deux changements de voie diamétralement opposés.

La forme de la bâche en fonte est parfaitement disposée pour que l'eau y soit bien guidée et qu'il ne s'y produise aucune perte de charge due à un changement brusque de vitesse.

Les vannes-tiroirs, dans leur mouvement pour se fermer, nettoient le dessus de la couronne fixe, et enlèvent par conséquent les corps étrangers qui viendraient s'y accumuler.

Comme chaque vanne-tiroir correspond à plusieurs orifices de la couronne directrice, et que chaque vanne-tiroir doit être ouverte en entier pour que le rendement des orifices correspondants ne soit pas affaibli, il en résulte qu'on ne peut, à l'aide de ce système de vannage, fractionner aussi graduellement le volume d'eau dépensé qu'à l'aide des deux papillons indépendants dont nous avons parlé précédemment.

Ces considérations ont conduit M. L.-D Girard à combiner ces deux systèmes de vannage pour les appliquer à la même turbine. — Les figures 2 de la planche LXXXIV et 5 de la planche LXXXV représentent cette disposition pour le cas d'une turbine à chambre d'eau ouverte.

La légende suivante nous dispense de toute description.

A Couronne mobile à croisillon rapporté.
B Couronne fixe.
C Colonne fixe.
D Arbre creux en fonte.
E Boîte à étoupes servant d'axe au papillon.
F Boitard supérieur de l'arbre creux servant d'axe à la came qui commande les vannes-tiroirs.
K Papillon différentiel à une aile recouvrant le 1/10 de la circonférence.
L Arbre qui commande le papillon.
P Arbre commandant le secteur denté à cames.
Q Secteur denté à cames manœuvrant les vannes-tiroirs.
R Pièces en V manœuvrant les vannes-tiroirs.
S Colonnes creuses.
T Mouvements de sonnette des vannes-tiroirs.
U Leurs guides en cuivres.
V Vannes-tiroirs en fonte.

On comprend aisément qu'en associant les vannes-tiroirs et le papillon, on puisse arriver à ouvrir entièrement un nombre d'orifices justement nécessaire et suffisant pour ne dépenser que le volume d'eau fourni par la rivière; il n'y a, tout au plus, qu'un orifice de papillon qui ne soit pas entièrement ouvert; mais cela est sans importance.

Quand il s'agit d'établir une turbine destinée à dépenser un volume d'eau relativement faible sous une chute élevée (5 mètres et au-dessus), M. Girard a reconnu qu'il y a avantage à n'alimenter la turbine que sur une portion de la circonférence; cela permet de lui donner un plus grand diamètre et de lui faire faire un plus petit nombre de tours que si elle était alimentée sur tout son pourtour. On peut alors recourir au vannage à deux papillons indépendants.

Mais, dans beaucoup de cas, M. Girard préfère encore n'alimenter la turbine que sur $\frac{1}{4}$ ou $\frac{1}{5}$ de sa circonférence, afin que ses orifices soient plus grands et, par conséquent, moins sujets à s'obstruer. — Ces motifs l'ont conduit à la création du type dit à *injecteur latéral*, que représente la figure 4 de la planche LXXXV. Le vannage de cette turbine consiste en un simple secteur circulaire ou papillon, qui a pu servir de point de départ à M. Fontaine, dans la construction du vannage à rouleaux de la turbine exposée par MM. Brault et Béthouard.

Ces turbines à injecteur latéral ont l'immense avantage d'être presque entièrement découvertes, faciles à visiter, à nettoyer et à réparer; mais on comprend qu'elles ne peuvent s'accommoder d'un niveau d'aval variable, puisqu'elles ne doivent pas marcher noyées (n'étant alimentées que sur une petite portion de leur circonférence), et qu'il n'est pas possible de leur appliquer l'appareil dit *hydropneumatique*.

Les turbines à axe vertical présentent une partie délicate; c'est leur pivot, qui, s'il est trop chargé ou si la turbine tourne très-vite, est sujet à chauffer et à gripper. — Cet inconvénient est très-grand pour les turbines à haute chute, dont l'arbre vertical est quelquefois très-long et très-lourd, et doit encore porter des organes de transmission de mouvement (engrenages ou poulies). M. Girard a écarté complétement cette difficulté et avec le plus grand succès, par l'application de son pivot hydraulique, que nous avons représenté sur la figure 8 de la planche LXXXIII.

Ce pivot se place au bas de l'arbre creux, c'est-à-dire, par conséquent, sur le radier du canal de fuite. Il consiste en deux plateaux en fonte P et P', qui portent des cannelures. Le plateau supérieur P est calé sur le bas de l'arbre creux M, au-dessous de la couronne mobile. Le plateau inférieur P' est venu de fonte avec la poêlette qui reçoit le bas de la colonne centrale ou arbre fixe; car, malgré l'emploi du pivot hydraulique, M. Girard maintient, par mesure de précaution, le pivot ordinaire suspendu à la partie supérieure de l'arbre creux, ainsi que nous l'avons expliqué.

Un petit tuyau amène l'eau du bief d'amont entre les deux plateaux du pivot hydraulique, au moyen de la tubulure *t*, venue de fonte avec le plateau inférieur P'.

Il va sans dire que le diamètre de ces plateaux doit être calculé en raison de la charge qu'ils ont à supporter et de la hauteur de la chute. Nous connaissons un grand nombre d'applications de ce pivot hydraulique; toutes ont parfaitement réussi.

§ 3. — *Turbine Jonval.*

La figure 7 de la planche LXXXIII représente une turbine du système d'Euler, avec les dispositions particulières imaginées par Jonval. Cette turbine peut s'établir en un point quelconque intermédiaire entre les niveaux d'amont et d'aval de la chute, en ayant soin seulement de laisser au-dessus de la couronne fixe ou directrice A une hauteur d'eau suffisante pour que l'introduction de l'eau se fasse convenablement, c'est-à-dire sans tourbillonnements ni entonnoirs.

La couronne mobile B est calée au bas d'un arbre en fer dont le pivot tourne dans une crapaudine venue de fonte au centre d'un croisillon dont les bras sont boulonnés au tuyau ou bâche en fonte D, qui entoure la turbine et descend jusqu'au radier du canal de fuite, où il se recourbe horizontalement pour la sortie de l'eau.

La turbine n'est pas munie d'un vannage; de telle sorte que les orifices du distributeur sont constamment ouverts en entier; la dépense se règle à l'aide d'une vanne verticale R, placée à l'orifice de sortie de la bâche en fonte. En fermant plus ou moins cette vanne, on diminue la dépense de la turbine en raison de la diminution du volume d'eau de la rivière. Cette disposition est très-vicieuse : 1° parce qu'elle produit un étranglement qui occasionne une perte de chute d'autant plus grande que le volume d'eau est plus réduit; 2° parce que les orifices de la directrice restant ouverts en entier, la vitesse de l'eau y diminue, et qu'il faut réduire proportionnellement la vitesse de rotation de la turbine si l'on veut ne pas trop affaiblir son rendement. Or cette condition de donner à la turbine une vitesse variable est incompatible avec les exigences de la plupart des industries.

M. André Koechlin a cherché à remédier par deux moyens à ce dernier inconvénient et à l'abaissement du rendement à l'étiage quand le volume du cours d'eau varie notablement. Le premier moyen, qui est le moins coûteux, mais aussi le moins bon, consiste à rétrécir la largeur des orifices de la turbine et de la directrice à l'aide de coins obturateurs. De cette façon, à l'étiage, la vitesse de l'eau, à son passage dans la turbine, peut être maintenue à peu près la même; de telle sorte que la vitesse de la turbine, peut aussi être maintenue sans modifications considérables dans le rendement. Mais si l'on voulait rendre ce moyen véritablement efficace, il ne serait plus praticable; car il faudrait, pour ainsi dire, autant de séries de coins qu'il y aurait de valeurs différentes du volume d'eau fourni par la rivière.

L'autre moyen, beaucoup plus coûteux, consiste à installer, sur un cours d'eau à volume variable, deux ou trois turbines Jonval, quand une seule turbine Girard, à vannage partiel, suffirait. Les capacités de ces turbines multiples sont calculées de façon à ce que la dépense d'eau de chacune d'elles n'ait à subir que des variations très-petites. Dans les crues, on met en mouvement toutes les turbines; à l'étiage, au contraire, on se sert uniquement de celle qui a été établie spécialement en vue de cette saison. Cet artifice est excellent pour le constructeur; mais il augmente considérablement les dépenses d'installation; il offre cependant l'avantage de partager la puissance motrice de l'usine entre plusieurs récepteurs; de telle façon qu'en cas de réparation à l'un d'eux, l'usine ne chôme pas complétement. Du reste, cet avantage peut tout aussi bien être obtenu avec toute espèce de récepteurs hydrauliques.

La turbine Jonval pouvant généralement se placer, dans le cas des chutes moyennes ou élevées, notablement au-dessus des plus hautes eaux d'aval, on peut la visiter et la réparer en toute saison sans avoir besoin de recourir à des moyens d'épuisement.

§ 4. — *Turbines à axe horizontal.*

En appliquant les règles théoriques et pratiques qui servent à la construction des turbines à axe horizontal, plusieurs constructeurs ou ingénieurs établissent des récepteurs hydrauliques dont l'axe est horizontal, et qui utilisent l'eau absolument comme les turbines ordinaires. On les désigne en général sous le nom de *turbines à axe horizontal.*

Nous n'avons pu découvrir au Champ de Mars que deux types de ces turbines.

L'un d'eux est exposé par les ateliers de construction de Jenbach (Tyrol). C'est tout simplement une turbine Jonval-Kœchlin retournée, c'est-à-dire dont l'axe serait placé horizontalement. Dans un tuyau cylindrique horizontal en fonte, qui forme la bâche de la turbine, passe l'arbre sur lequel est calée la couronne mobile. Une tubulure venue de fonte sur l'une des extrémités de ce tuyau, et perpendiculairement à son axe, reçoit le tuyau d'amenée de l'eau motrice ; l'eau est dirigée sur la couronne mobile par des aubes fixes, disposées comme dans la turbine d'Euler. A l'autre extrémité de la bâche, une seconde tubulure, également d'équerre, sert à l'évacuation de l'eau, et est munie d'une valve, dont l'ouverture, plus ou moins grande, sert à régler la dépense de la turbine. Ce sont bien là les dispositions pricipales de la turbine Jonval-Kœchlin. Il y a d'importantes critiques à en faire. Les tubulures établies perpendiculairement à l'axe de la bâche constituent des coudes brusques qui occasionnent une perte de chute notable. La valve qui sert à régler la dépense de l'eau, en agissant sur l'orifice de sortie, constitue une disposition très-vicieuse, ainsi que nous l'avons dit. Enfin, comme la couronne mobile tourne constamment noyée, il faut nécessairement l'alimenter sur tout son pourtour, si l'on ne veut éprouver l'abaissement de rendement que nous avons signalé, et que l'on ne peut faire disparaître ici par l'emploi de l'air comprimé. Cette nécessité motive l'adoption de la valve placée à la sortie de la bâche; mais c'est là un remède très-imparfait. Ajoutons que, pour les rivières à petit volume et à chute très-élevée, l'adoption de ce système de turbine, tout aussi bien que celle de la turbine Fourneyron, conduit à donner à la turbine un petit diamètre et des orifices très-petits, faciles à s'obstruer. Il en résulte, en outre, une grande vitesse pour l'arbre de la turbine, et, par suite, beaucoup de chances d'arrêts et de réparations.

On trouve complétement égarés et dépaysés, dans un coin du parc qui entoure le palais de l'Exposition, deux petits modèles de turbines à axe horizontal du système Canson. Ces turbines sont d'une construction très-simple et tout à fait primitive. La couronne mobile, disposée comme celle d'une turbine Fourneyron, dont l'axe serait placé horizontalement, est calée sur un arbre horizontal qui tourne dans deux paliers ordinaires. L'eau motrice est projetée sur les aubes inférieures de la couronne mobile, à l'intérieur de celle-ci, par une simple buse, dont l'orifice unique est ouvert plus ou moins au moyen d'une petite vanne verticale. L'eau est donc très-mal dirigée à sa sortie de la buse, en sorte que le rendement est faible et doit dépasser de peu 50 p. 100, en moyenne, du travail moteur brut dépensé.

Ce genre de turbine se rencontre cependant fréquemment dans le midi de la France, là où les progrès de l'industrie n'ont pas encore franchement pénétré. Mais il disparaît des usines où l'on reconnaît l'importance d'une utilisation rationnelle de la puissance hydraulique.

Les turbines à axe horizontal ont cependant des avantages spéciaux lorsque, comme dans le système Canson, elles ne reçoivent l'eau que sur une portion de leur circonférence. Ces avantages sont les suivants :

La couronne mobile étant visible sur tout le pourtour, il est facile d'observer la façon dont l'eau agit, et d'entretenir les aubes et toutes les parties de la turbine en bon état ; l'absence de pivot et de toute garniture étanche pour l'arbre rend la machine moins délicate, permet de la faire marcher très-vite sans danger, et diminue, par conséquent, les chances d'accidents et de réparations ;

l'alimentation n'ayant lieu que sur une portion de la circonférence ($\frac{1}{5}$ au plus), il en résulte, comme pour les turbines à axe vertical et à injecteur latéral, que les orifices du *secteur fixe* ou *injecteur* et ceux de la couronne mobile présentent des dimensions relativement plus grandes, et qu'ils sont moins sujets à être obstrués par les corps étrangers que l'eau charrie; enfin, le niveau d'aval peut varier dans une certaine mesure sans nuire au rendement, puisque la turbine peut tourner immergée dans l'eau d'aval d'une hauteur égale à la flèche de l'arc alimenté.

Mais pour que tous ces avantages soient réels, il faut donner à la machine, au point de vue de la construction, de la forme et des dimensions des aubes, tant fixes que mobiles, toutes les dispositions perfectionnées des meilleures turbines à axe vertical.

Les seules turbines à axe horizontal qui remplissent toutes ces conditions sont celles de M. L. D. Girard. Ces turbines s'appliquent avec un égal succès aux chutes très-élevées comme aux chutes les plus basses, et nous regrettons beaucoup que l'Exposition universelle ne renferme aucun spécimen de ces remarquables récepteurs hydrauliques, que MM. C. Callon et Girard ont établis déjà en grand nombre. Nous suppléerons autant que possible à cette absence en indiquant ici deux types des *turbines à axe horizontal* ou *roues turbines* de M. L. D. Girard.

La fig. 3 de la planche LXXXIV représente une petite turbine de ce système, telle qu'il convient de l'établir pour une très-haute chute et un petit volume d'eau. Ce modèle est également applicable comme moteur spécial d'une machine-outil ou d'un appareil de levage (machine à papier, grue, etc). La couronne mobile *a* est calée à l'extrémité d'un arbre horizontal *b b* qui porte une ou plusieurs poulies de commande. L'eau motrice arrive par un tuyau qui se boulonne sur l'orifice *c* de l'injecteur. Toute la machine est montée sur une seule et même plaque de fondation qui en rend ainsi toutes les parties solidaires les unes des autres.

La fig. 2 de la planche LXXXV représente une grande roue-turbine conduisant directement et sans engrenages une pompe à eau, horizontale, à piston plongeur et à double effet, dont M. Girard a fait de nombreuses et remarquables applications depuis quelques années, pour les élévations d'eau des villes. Il est aisé de comprendre que cette roue-turbine peut s'appliquer (et c'est ce qui a lieu, en effet) à n'importe quelle usine. La couronne mobile *a* est calée sur un arbre horizontal, en fer forgé, et se trouve placée, non en porte-à-faux comme dans le cas précédent, mais entre deux paliers. L'injecteur *b* n'alimente la turbine que sur une petite portion de sa circonférence ; condition très-avantageuse pour avoir des orifices larges, qui ne peuvent s'obstruer.

Le rendement de ces roues-turbines atteint facilement 75 à 80 pour 100 du travail moteur brut dépensé. Ce type de roue-turbine convient aux chutes basses ou moyennes et aux grands volumes d'eau. Il remplace avantageusement tous les autres moteurs destinés à fournir une grande puissance sous une faible chute. Nous citerons à l'appui de notre assertion : 1° les roues-turbines de 5^{m},200 de diamètre établies par MM. Callon et Girard pour le service hydraulique de la ville du Mans, qui donnent chacune une puissance effective de 25 chevaux, sous une chute d'un mètre ; elles font 10 à 11 tours par minute, et actionnent chacune directement et sans engrenages deux pompes horizontales à piston plongeur et à double effet, qui refoulent l'eau dans les conduites et les réservoirs de la ville; leur rendement, *en eau élevée*, d'après les expériences officielles faites par M. l'inspecteur général des ponts et chaussées Dupuit, représentant les intérêts de la ville du Mans, est égal à 0,56 du travail moteur brut de la chute d'eau ; on peut en conclure que le rendement des pompes étant de 75 pour 100, celui des roues-turbines en question est aussi de 75 pour 100; 2° les quatre roues-turbines de 11m,600 de diamètre que M. Girard a installées à l'usine hydraulique que la ville de Paris a établie à Saint-Maur, sur la Marne, pour l'alimentation des grands réservoirs récemment construits à Ménilmontant. Chacune de ces roues-turbines donne une puissance effective de 120 chevaux, sous une chute qui varie de 5m,00 à 2m,50. Chacune d'elles commande, directement et sans engrenages, une pompe horizontale à piston plongeur et à double effet. Les expériences faites sur ces puissantes machines par les ingénieurs de la ville de Paris, ont constaté un rendement de 64 pour 100 en eau élevée. Une particularité très-remarquable de ces récepteurs, c'est leur vannage. Il consiste en une série de vannes verticales en fonte actionnées chacune par un piston qui marche dans un cylindre à double effet, où l'on fait arriver l'air des réservoirs de refoulement des pompes. Le mécanicien n'a qu'à manœuvrer l'appareil de distribution de ces robinets pour faire lever ou baisser les vannes; cette manœuvre n'exige pour ainsi dire aucun effort et elle permet d'arrêter complétement chacune de ces roues-turbines en quelques secondes seulement. Cette faculté est précieuse en cas d'accident.

En résumé les roues-turbines et les pompes de Saint-Maur constituent la plus belle usine hydraulique que l'on puisse voir; elles laissent bien loin derrière elles les machines hydrauliques de Marly, dont les moteurs ont été faits sans tenir compte des perfectionnements que la théorie a indiqués depuis longtemps à la pratique des ingénieurs.

Pour en terminer avec les turbines, nous donnons par la fig. 4 de la pl. LXXXIV, le croquis d'un genre particulier de turbine à axe horizontal, dite *roue hélice*, destinée à utiliser la puissance des grands cours d'eau, dont les chutes sont très-faibles (0m,500 à 0m,600 environ) et le volume, considérable. Deux de ces roues ont été installées depuis longtemps déjà par M. Girard dans l'usine de Noisiel-sur-Marne, appartenant à M. E. Ménier.

Ainsi que le montre le dessin, la roue a son axe dans celui du canal et tourne, par conséquent, dans un plan perpendiculaire à la direction de l'eau. Ce genre de turbine n'a pas de vannage; le volume d'eau qu'elle dépense augmente à mesure que la chute diminue et diminue, au contraire, à mesure que la chute augmente. Nous la recommandons comme pouvant s'appliquer utilement sur nos grands cours d'eau, concurremment avec les grandes roues-turbines dont nous avons parlé plus haut.

Nos lecteurs s'étonneront peut-être de la place qu'ont prise dans ce chapitre les turbines du système Girard; mais ils devront s'en prendre à la fécondité du travailleur infatigable, de l'habile ingénieur qui a créé tous ces types et qui a placé la France au premier rang des nations pour les applications des théories de l'hydraulique.

XLI

MOTEURS HYDRAULIQUES

PAR MM. **L. VIGREUX** ET **A. RAUX**.
Ingénieurs civils.

Planches 86 et 221.

CHAPITRE TROISIÈME[1]

MACHINES A COLONNE D'EAU.

Cette classe de récepteurs est généralement établie pour utiliser de petits volumes d'eau et de très-hautes chutes.

Ils s'emploient le plus souvent à l'élévation de l'eau ou plutôt à la mise en mouvement de pompes d'épuisement.

Dans ce cas, le récepteur se compose, comme parties essentielles, d'un cylindre et d'un piston animé d'un mouvement alternatif; la tige du piston transmet directement ce mouvement à la pompe.

On voit immédiatement que la construction des machines à colonne d'eau se rapproche beaucoup plus de celle des machines à vapeur à mouvement alternatif que de celle des récepteurs hydrauliques précédemment examinés. Toutefois, ces machines à colonne d'eau présentent des dispositions particulières dans les appareils de distribution, et elles ont donné lieu à plusieurs dispositions fort ingénieuses et remarquables que nous décrirons plus loin.

En outre, on n'y dispose pas de deux artifices propres à faire varier la puissance d'une machine à vapeur, savoir : la *détente* et la *variation de la pression*. — L'eau étant incompressible ne peut se détendre, et si l'on faisait varier la pression, on diminuerait la chute utilisée sans réduire proportionnellement le volume d'eau dépensé (qui est toujours égal au volume engendré par le piston); on diminuerait donc le rendement du récepteur, ce qui serait mauvais. Les variations de la chute, et par conséquent de la pression, ne doivent être qu'une fraction pour ainsi dire inappréciable de la chute totale ; aussi les machines à colonne d'eau ont-elles été réservées aux grandes chutes. — A la vérité, M. Girard en a étudié l'application aux basses chutes, mais cette idée ne s'est pas encore acclimatée dans l'industrie.

Quant au mode d'action de l'eau, ces récepteurs se divisent en deux classes : les machines à simple effet et les machines à double effet ; les premières sont verticales, et les secondes, horizontales.

Les machines à colonne d'eau verticales, à action directe et à simple effet, travaillent soit à la descente, soit à la montée ; dans le premier cas, l'eau motrice

[1] Voir les deux premiers chapitres, tome III des *Études sur l'Exposition*, page 126. Ces deux chapitres sont accompagnés des planches 80, 81, 82, 83, 84 et 85.

n'est introduite que sur la face supérieure du piston ; dans le second cas, elle n'est introduite que sous sa face inférieure.

La machine à colonne d'eau de l'ingénieur Reichenbach, établie à Illsang (Bavière), est le type le plus ancien et le plus remarquable des machines à simple effet, travaillant à la descente.

Nous devons rappeler que la machine à colonne d'eau est d'invention française. En 1739, la ville de Paris voulant élever 100 pouces d'eau de Seine, place de l'Estrapade, il lui fut présenté un devis estimant que l'intérêt d'une *machine à feu*, joint aux dépenses journalières, formerait une dépense annuelle de 100,000 francs. Belidor imagina et proposa une machine à colonne d'eau et demanda seulement 18,000 francs une fois payés. Cependant sa machine ne fut exécutée qu'en 1749, à Schemnitz (Hongrie).

Maintenant, revenons à la description de la machine de Reichenbach, que représente, en coupe verticale, la figure 1 de la planche 221.

Pour éviter des longueurs inutiles, nous nous contenterons d'en donner ici une légende explicative.

A, tuyau d'amenée de l'eau motrice ; une valve *o* sert à régler la vitesse de la machine, c'est-à-dire la dépense de l'eau; moyen acceptable, quand on a de la chute en excès, mais mauvais en principe, puisque la fermeture partielle de la valve produit un étranglement.

a, robinet purgeur d'air ; quand on l'ouvre, avant la mise en marche de la machine, on ferme le robinet *b*, et quand la machine est purgée d'air, on ferme le robinet *a* et on ouvre le robinet *b*.

E, tuyau de sortie de l'eau qui a travaillé ; sur la figure, la communication entre ce tuyau et le cylindre moteur est interrompue par le piston H ; et la communication entre ce même tuyau et le cylindre C est établie.

A la mise en train, le piston moteur B étant au haut de sa course, les pistons solidaires K, G, H sont remontés de telle façon que le piston H occupe la position H'. On manœuvre à la main les pistons *p* et *p'* (qui sont en étain), et l'on découvre l'orifice *o* pour le mettre en communication avec le tuyau de sortie E.

Le piston K est d'un diamètre un peu plus petit que les pistons H et G, qui sont égaux, et le dessus de ce piston est en communication avec l'eau motrice par un tuyau qui débouche en *o'*. La valve O étant ouverte, la pression de l'eau motrice fait descendre les trois pistons K, H, G, et le piston H découvre l'orifice de communication avec le piston moteur B ; ces trois pistons occupent dès lors les positions indiquées sur la figure. Comme le piston S, qui est en constante communication avec l'eau motrice par le tuyau P', est d'un diamètre beaucoup plus petit que le piston moteur B, celui-ci descend et fait descendre, par conséquent, le piston U de la pompe ; celle-ci refoule l'eau à élever dans la colonne ascensionnelle.

Un peu avant que le piston B soit parvenu au bas de sa course, un taquet *t'* agit sur un levier *l* qui relève les pistons *p* et *p'* et les place de telle façon que l'orifice *o* est mis en communication avec le tuyau T, qui amène l'eau motrice. Il résulte de cette manœuvre que, dès que le piston B est au bas de sa course, le dessous du piston G est en communication avec l'eau motrice ; les pressions sur les faces des pistons G et H se font donc équilibre ; mais comme la tige supérieure du piston K est d'un diamètre un peu plus gros que celui de sa tige inférieure, l'eau motrice relève les trois pistons et les replace dans leur position primitive. Le dessus du piston B est en communication avec le tuyau d'échappement E, et la pression sous le piston S relève ce piston et, par conséquent, le piston moteur B, ainsi que le piston U de la pompe.

Quand le piston moteur est remonté dans la position qu'il occupe sur la figure, un taquet inférieur t a manœuvré le levier l pour descendre les pistons p et p' et faire recommencer à la machine la course descendante.

La pression de l'eau motrice est de 116 mètres ; la course des pistons B et U est de $1^m,05$; la machine donne 2 coups $\frac{15}{100}$ par minute, et l'eau salée est élevée par la pompe à une hauteur de 378 mètres (y compris l'aspiration); la course des pistons K, H et G est de $0^m,330$.

Le volume d'eau motrice dépensé en une course double (une descente et une montée) se décompose ainsi :

1° Pour la descente, on dépense une cylindrée du piston B : $\frac{\pi}{4} \times \overline{0,720}^2 \times 1^m,05$.. 428 litres.

2° Pour changer le sens du mouvement, on dépense une cylindrée du piston G : $\frac{\pi}{4} \times \overline{0,235}^2 \times 0^m,33$.................... 10 »

3° Pour faire remonter les pistons S, T, U, on dépense une cylindrée du piston S : $\frac{\pi}{4} \times \overline{0,285}^2 \times 1^m,05$.................... 67 »

4° Pour changer le sens du mouvement, c'est-à-dire pour déterminer l'ascension des trois pistons S, T, U, on ne dépense que la différence entre une cylindrée de G et une cylindrée de K : $\frac{\pi}{4}\left(\overline{0,235}^2 - \overline{0,195}^2\right) \times 0^m,33 = 4^{lit},15$, soit............ 5 »

510 litres.

Dépense totale en eau motrice (eau douce), soient 500 litres en nombre rond.

Travail moteur en chevaux par seconde :

$$Tm = \frac{500^k \times 116^m \times 2^c,15}{60 \times 75^{kg}} = 28 \text{ chevaux.}$$

La pompe U élève par coup 67 litres $\left(\frac{\pi}{4} \times \overline{0,285}^2 \times 1^m,05 = 67 \text{ litres}\right)$, pesant environ $1^k,200$ le litre, à une hauteur de 378 mètres. Le travail effectif par seconde et en chevaux est donc :

$$Te = \frac{80^k \times 378^m \times 2^c,15}{60'' \times 75^{kg}} = 14 \text{ chevaux.}$$

Le rendement *en eau montée* est donc de 50 p. 100.

Ces calculs ne sont qu'approximatifs, puisqu'ils supposent que le volume engendré par les pistons est bien le volume dépensé ou élevé, et qu'il y a absence complète de fuites.

La machine à colonne d'eau établie par M. Jüncker, aux mines du Huelgoat (Finistère), et que représente, en coupe verticale, la figure 2 de la planche 221, est une imitation de celle de Reichenbach.

Toutefois, elle est beaucoup plus puissante et plus rigide ; le puits dans lequel elle a été établie ne laissait disponible qu'un espace restreint, et son installation a nécessité, par conséquent, l'étude de dispositions spéciales ; enfin, la pompe qu'elle devait actionner étant située à une grande profondeur au-dessous de la machine, il a fallu équilibrer une longue tige pesante. Cette dernière circonstance a amené M. Jüncker à ne faire travailler la machine qu'à la montée, afin que la tige fût soumise à l'extension en transmettant à la pompe le travail nécessaire à l'élévation de l'eau.

De ce que la machine du Huelgoat ne travaille qu'à la montée, il résulte que la partie supérieure du cylindre moteur est découverte et qu'ainsi les fuites du piston peuvent facilement s'apercevoir, ce qui n'a pas lieu dans la machine de Reichenbach.

Afin d'assurer la permanence du service d'épuisement, M. Jüncker a établi deux machines identiques, l'une devant fonctionner quand l'autre serait en réparation.

La galerie d'écoulement de l'eau motrice est située à 14 mètres au-dessus des machines ; de telle sorte que le poids de tout l'attirail se trouve équilibré, pour la montée, par une colonne d'eau de 14 mètres de hauteur, ayant pour base la section du piston moteur.

L'arrivée et la sortie de l'eau motrice (et, par conséquent, la vitesse de la machine) se règlent au moyen du piston G.

Sur la figure, ce piston est dans sa position moyenne ; il ferme l'orifice C d'introduction de l'eau sous le piston moteur.

Pour mettre la machine en train, on ouvre le robinet R, qui fait communiquer avec le tuyau d'arrivée A de l'eau motrice, l'intervalle des deux pistons p, p de même diamètre ; le robinet c est également ouvert. Pour que les pistons p et p' puissent être facilement amenés dans la position indiquée par la figure, c'est-à-dire de façon à découvrir l'orifice du tuyau oo, qui fait communiquer le tuyau a avec le dessus du piston H, un tuyau t établit la communication entre les deux faces du piston p ; le diamètre de la tige i de ce piston est tel que la pression de l'eau sur la surface annulaire du piston p autour de la tige i est justement égale à la contre-pression sous le piston p'.

La manœuvre effectuée à la main sur les pistons p et p' met en communication les deux faces du piston H, et comme la surface annulaire de la face supérieure du piston H, augmentée de la section du piston G, est un peu supérieure à l'aire de la face inférieure du piston H, l'eau motrice fait descendre l'ensemble des pistons K, H et G et détermine l'ouverture de l'orifice C, par lequel s'introduit l'eau motrice sous le piston B de la machine. La boule s, qui termine le prolongement de la tige du piston G, pénètre dans un petit cylindre v alésé à un diamètre tant soit peu plus grand que celui de cette boule; l'eau renfermée dans ce cylindre amortit la descente de l'ensemble et évite le choc.

Quand le piston B est sur le point d'arriver au haut de sa course, un système de taquets et de leviers soulève les pistons p et p', de façon à faire communiquer le tuyau oo avec le tuyau d'échappement ee.

Cette manœuvre détermine l'ascension du piston G qui repasse devant la lumière C et s'élève ensuite au-dessus, afin de mettre la face inférieure du piston B en communication avec la conduite E d'émission de l'eau. Le piston B descend alors, et un autre système de taquets ramène les pistons p et p' dans la position indiquée sur la figure, quand le piston B est parvenu au bas de sa course.

Nous devons faire remarquer que le passage du piston distributeur devant l'orifice C a pour effet d'arrêter un instant le piston moteur B, quand il est parvenu soit au haut, soit au bas de sa course. Les points *morts* de la pompe sont ainsi *très-marqués*, circonstance très-favorable, puisqu'elle donne aux soupapes le temps de se fermer. En outre, cette disposition a aussi pour effet d'opérer très-lentement le départ du piston B dans l'un ou l'autre sens ; les soupapes ont donc aussi le temps de s'ouvrir entièrement avant que le piston de la pompe ait acquis sa vitesse.

Enfin, on peut arrêter la machine à un instant quelconque de sa course et faire varier cette course suivant les besoins.

La machine à colonne d'eau de M. Jüncker est donc la plus parfaite de toutes celles qui fonctionnent actuellement.

Machine a colonne d'eau, horizontale, a double effet, de M. Pfetsch, établie

A LA SALINE DE SAINT-NICOLAS, VARENGEVILLE (Meurthe). — Cette machine, représentée en coupe verticale sur la figure 3 de la planche 221, actionne directement une pompe horizontale à double effet, à l'aide de la tige T.

La machine étant à double effet comporte deux pistons distributeurs g et h (le second étant d'un diamètre un peu supérieur à celui du premier), qui mettent successivement chacune des faces du piston B de la machine en communication avec l'arrivée A et avec la sortie E de l'eau motrice.

Les pistons distributeurs se manœuvrent, d'ailleurs, comme dans la machine de M. Jüncker, à l'aide de deux petits pistons p et p' d'égal diamètre.

Dans la position qu'indique la figure, les pistons p et p' mettent en communication la face d'avant du piston K avec l'échappement e ; les pistons distributeurs g et h (montés sur la même tige), se sont alors placés dans la position qu'indique la figure, de telle façon que le piston B va marcher dans le sens de la flèche.

En arrivant vers la fin de sa course, le piston B agit sur la tringle t et place les pistons p et p' de telle sorte que les orifices o et a soient compris entre eux ; il en résulte que l'eau motrice presse sur la face antérieure du piston K ; cette circonstance détermine le recul des pistons g et h ; de telle sorte que la lumière antérieure du cylindre moteur est en communication avec l'arrivée A de l'eau motrice, et que la lumière postérieure est en communication avec l'orifice E du tuyau d'échappement. Le piston B commence alors sa course en arrière, et, parvenu vers la fin de cette course, il agit sur la tringle t pour ramener les pistons p et p' dans les positions qu'ils occupent sur la figure ; ce qui détermine les pistons g et h à se replacer comme l'indique également la figure.

MACHINES A COLONNE D'EAU A ROTATION. — Les machines à colonne d'eau ont été employées depuis plusieurs années pour déterminer la rotation d'un arbre. Elles se sont beaucoup répandues en Angleterre depuis l'Exposition de 1851, notamment dans les mines de plomb du Nord, pour l'extraction et la préparation mécanique des minerais.

L'ingénieur Armstrong, de Newcastle-upon-Tyne, a, pour ainsi dire, la spécialité de ces machines à colonne d'eau à rotation et à double effet, qu'il emploie pour manœuvrer des treuils.

Ces machines comprennent, comme parties essentielles :

Deux cylindres horizontaux, dont les pistons actionnent deux manivelles conjuguées à angle droit ;

Un appareil de distribution comprenant, pour chaque cylindre, un tiroir *normal*, c'est-à-dire sans avance ni recouvrement, qu'il faut régler avec beaucoup de précision à cause de l'incompressibilité de l'eau.

Ces machines présentent entre le diamètre et la course des pistons les proportions ordinaires des pompes à eau, et elles marchent à une faible vitesse, qui est généralement inférieure à 20 tours par minute.

Le tuyau d'arrivée de l'eau motrice doit être muni des dispositions nécessaires pour éviter les coups de bélier, savoir : d'un réservoir d'air, ou de soupapes de sûreté, ou d'un piston plongeur chargé de poids et mobile dans un corps de pompe établi près de la machine et en communication avec le tuyau d'arrivée.

Le mouvement des tiroirs est donné à l'aide de la coulisse de Stephenson, qui permet de renverser la marche de la machine, de façon à pouvoir faire tourner l'arbre tantôt dans un sens et tantôt dans l'autre.

Si le renversement de la marche n'est pas nécessaire, la distribution peut se faire simplement à l'aide d'un robinet R à trois eaux (*fig.* 4, pl. 221) Dans la position qu'indique la figure, la lumière l communique avec l'arrivée a de l'eau ; tandis que la lumière l communique avec l'échappement e, le piston B marche dans le sens de la flèche.

Il est indispensable que l'eau employée dans ces machines soit complétement débarrassée des graviers et autres corps en suspension, qui altéreraient promptement les parties frottantes.

M. Armstrong a construit aussi des machines triples, à double effet, dont les trois pistons actionnent trois manivelles conjuguées à 120 degrés.

Nous citerons, comme exemple, la machine à colonne d'eau de 8 chevaux, établie aux Docks de Marseille. Elle est à rotation et comprend trois cylindres horizontaux, oscillants et actionnant un arbre coudé.

L'axe creux de chaque cylindre oscillant reçoit l'eau motrice d'un côté, et de l'autre, commande son tiroir, qui est entièrement détaché du cylindre.

Ces cylindres ont $0^m,107$ de diamètre intérieur, et la course des pistons est de $0^m,304$. Comme la machine fait 20 tours par minute, il en résulte que la vitesse moyenne des pistons n'est que de $\frac{0^m,304 \times 2 \times 20^t}{60''} = 0^m,203$ par seconde.

L'Exposition de 1867 renfermait deux spécimens de machines à colonne d'eau horizontales, à double effet et à rotation. L'un est dû à M. Coque, de Paris, et l'autre à M. Perret, de Lyon. Ils ne présentaient d'ailleurs aucune disposition nouvelle et étaient destinés à être utilisés, au moyen d'une concession d'eau, par la petite industrie.

Nous espérons que nos lecteurs nous approuveront d'avoir complété l'Exposition sous ce rapport, en leur décrivant les principales et grandes machines à colonne d'eau qui ont servi de type aux autres.

CHAPITRE QUATRIÈME

BÉLIERS HYDRAULIQUES.

Le bélier hydraulique, dont tout le monde connaît le principe et le mode d'action, s'emploie uniquement pour élever de l'eau. Il peut donc entrer dans la classe des appareils à élever l'eau ; toutefois, comme il utilise, dans ce but, un volume d'eau tombant d'une certaine hauteur, c'est-à-dire une chute d'eau, il doit être aussi considéré comme un *récepteur hydraulique*.

Nous ne décrirons pas ici le bélier classique de Montgolfier, que tout le monde connaît ; mais nous allons examiner tout d'abord le bélier perfectionné de M. Bolée, du Mans (Sarthe), qui figurait et fonctionnait même à l'Exposition. Ce bélier, représenté dans son ensemble et ses détails sur la planche 86, n'est autre que le bélier de Montgolfier muni de certaines dispositions de détail qui lui assurent un fonctionnement régulier et permanent et dispensent, pour ainsi dire, de toute surveillance.

L'eau motrice arrive par le tuyau A, et l'eau élevée est refoulée dans le réservoir d'air D, d'où elle s'écoule par la conduite ascensionnelle, dont l'amorce est représentée sur les figures 1 et 3.

Quand le bélier ne fonctionne pas, la soupape B est descendue ; elle livrerait passage à l'eau si l'on n'avait soin d'établir une vanne ou un obturateur quelconque en tête de la conduite qui amène l'eau du bief d'amont au corps A du bélier.

Supposons que l'on ouvre cette vanne, l'eau va se mettre en mouvement dans la conduite, et le bélier va se mettre en marche, en présentant successivement et périodiquement les trois phases suivantes :

Première phase. — L'eau qui arrive par la conduite d'amenée commence à s'écouler avec une vitesse due à la hauteur de la chute, par la soupape B (qui est descendue), et par les intervalles existant entre les quatre bras *t* du guide supérieur de cette soupape (voir la *fig.* 4) ; mais l'écoulement même de l'eau et la pression qu'elle exerce en mouvement sur la face inférieure de la soupape détermine la fermeture de cette soupape, et la sortie de l'eau cesse.

Deuxième phase. — A l'instant où cesse la sortie de l'eau, la puissance vive que possède la colonne d'eau en mouvement produit le *coup de bélier*, c'est-à-dire détermine l'ouverture du clapet de retenue (ou de refoulement) G ; alors l'eau pénètre dans le réservoir d'air D, en même temps que l'eau, par l'effet même du choc sur le clapet G et en vertu de son élasticité, prend un mouvement rétrograde dans le corps A du bélier.

Troisième phase. — A l'instant où commence le mouvement rétrograde de l'eau, le clapet G se ferme et la soupape B s'ouvre pour livrer de nouveau passage à l'eau venant du bief d'amont ; alors la série des trois mêmes phases recommence.

La marche du bélier étant expliquée, il ne nous reste plus qu'à en examiner les détails de construction.

La soupape B est équilibrée en partie par un contre-poids *c*, auquel elle est rattachée à l'aide d'une tringle verticale *b*. Cette addition, qui n'existe pas dans le bélier de Montgolfier, a pour résultat de permettre une fermeture très-prompte de la soupape B. Ainsi que le montre la figure 4, la tige inférieure de cette soupape est guidée dans un petit cylindre présentant deux ouvertures latérales, et dont le fond est garni de rondelles de caoutchouc. Il en résulte qu'en retombant, la soupape ne frappe pas brusquement contre son arrêt inférieur et ne produit aucun bruit.

Pour que le bélier fonctionne bien et qu'il ne puisse se produire aucune rupture, soit dans la conduite d'amenée, soit dans la conduite ascensionnelle, il est indispensable que le réservoir D renferme constamment un volume d'air suffisant.

Or, dans le bélier ordinaire de Montgolfier, le réservoir est alimenté par un *reniflard* d'air établi sur le corps même du bélier; il en résulte que, dans les crues, ce reniflard étant noyé, l'alimentation d'air cesse, de telle sorte que les ruptures sont à craindre.

M. Bolée a remédié radicalement à cet inconvénient de la façon suivante :

En avant de la soupape B, il établit une longue colonne creuse verticale *e* (voir *fig.* 1 et 3), dont le sommet est assez élevé pour n'être jamais atteint par les plus hautes crues d'aval.

Le détail de la tête de cette colonne se voit sur la figure 7. Elle est munie d'un *reniflard* d'air dont l'ouverture est réglée par la vis à pointe *m* et d'une soupape de retenue *s* ; un tuyau *e'* fait communiquer la chambre de cette soupape avec le corps du bélier; ce tuyau débouche au-dessous du clapet G en E' (voir *fig.* 1), et son orifice est muni d'une seconde soupape à ailettes *s'* (voir le détail, *fig.* 8 et 9).

Au moment où se produit le coup de bélier sous le clapet G, l'eau s'élève brusquement dans la colonne *e* et comprime l'air qui l'occupait ; une portion de cet air s'échappe par le reniflard ; mais l'autre portion soulève la soupape *s* et s'emmagasine au-dessus.

Quand la soupape B descend et que l'eau d'amont s'écoule par les orifices de cette soupape, l'eau descend dans l'intérieur de la colonne *e*, et l'air extérieur entre par le reniflard.

La soupape à ailettes *s'* empêche l'air comprimé qui l'environne de rentrer dans le tuyau *e'*, parce qu'elle ferme l'orifice de ce tuyau sous l'action du coup de bélier. L'air comprimé, renfermé dans la chambre de cette soupape, est donc forcé de pénétrer sous le clapet G au moment où celui-ci est ouvert, et cet air s'élève dans le réservoir D.

L'alimentation d'air de ce réservoir s'effectue donc à chaque coup de bélier.

Il est évident que l'importance de la masse d'eau contenue dans le bélier, depuis l'origine de la conduite d'amenée jusqu'au clapet de refoulement, n'est pas indifférente au point de vue de l'effet produit. A cet égard, il n'existe aucune règle bien sérieuse. Suivant certains auteurs, la longueur du corps du bélier, c'est-à-dire celle de la conduite d'amenée, doit être égale environ aux $\frac{3}{4}$ de la hauteur à laquelle l'eau doit être élevée. Suivant d'autres, cette longueur se prend égale à cette même hauteur augmentée du rapport entre le double de cette hauteur et celle de la chute motrice.

Mais l'une et l'autre de ces règles empiriques sont en contradiction avec les dimensions relevées sur divers béliers existants.

On peut compter en moyenne que, dans un bélier hydraulique bien établi, le rendement, c'est-à-dire le rapport entre le travail effectif en eau élevée et le travail moteur dépensé est de 60 p. 100. C'est un résultat qui ne peut être que difficilement atteint avec le meilleur moteur hydraulique commandant le meilleur système de pompes.

Mais le bélier hydraulique ne peut être construit que pour de très-petites forces ; sans cela, cette machine très-simple serait beaucoup plus répandue.

Bélier d'épuisement de M. Leblanc. — Pour terminer ce qui est relatif aux béliers hydrauliques, nous dirons quelques mots d'une disposition employée pour opérer l'épuisement de l'eau affluant dans une fouille.

Lorsque la quantité d'eau à épuiser est faible, il est intéressant d'utiliser la chute elle-même sur laquelle on fait des travaux hydrauliques, pour opérer l'épuisement des fouilles.

La figure 5 de la planche 221 représente un bélier hydraulique disposé pour un travail d'épuisement. Deux soupapes S, S, sont réunies par un balancier qui oscille autour d'un axe *oo*.

L'eau du bief d'amont, en s'écoulant par l'ouverture découverte par l'une des soupapes, produit l'effet de la trombe et aspire l'eau du bief à épuiser, par le tuyau *mn*. Ce tuyau est muni d'un réservoir d'air *m* et se divise en deux branches S', S', garnies de soupapes de retenue ; chacune de ces deux branches débouche sous le siége de l'une des soupapes S, S.

L'eau aspirée s'écoule dans le bief d'aval de la rivière, avec l'eau motrice, par l'un des tuyaux *d*, *d*.

L'écoulement de l'eau motrice par l'une des soupapes S produit la fermeture de cette soupape et, par conséquent, l'ouverture de la seconde, et réciproquement.

Cet appareil est donc automatique.

Enfin, nous ne pouvons passer sous silence l'application du bélier hydraulique faite au percement du tunnel du mont Cenis, pour comprimer l'air nécessaire à l'aérage des galeries et à la manœuvre des outils perforateurs.

Avant l'établissement des puissantes pompes de compression installées depuis, M. Sommelier, ingénieur de ces travaux, a fait construire une série de béliers hydrauliques fonctionnant sous une chute de 26 mètres. Ces béliers comprimaient à 5 atmosphères l'air nécessaire pour actionner les outils et aérer la galerie et les chantiers de travail.

On peut encore voir fonctionner ces appareils du côté de Bardonnèche (Italie).

L. VIGREUX et A. RAUX.

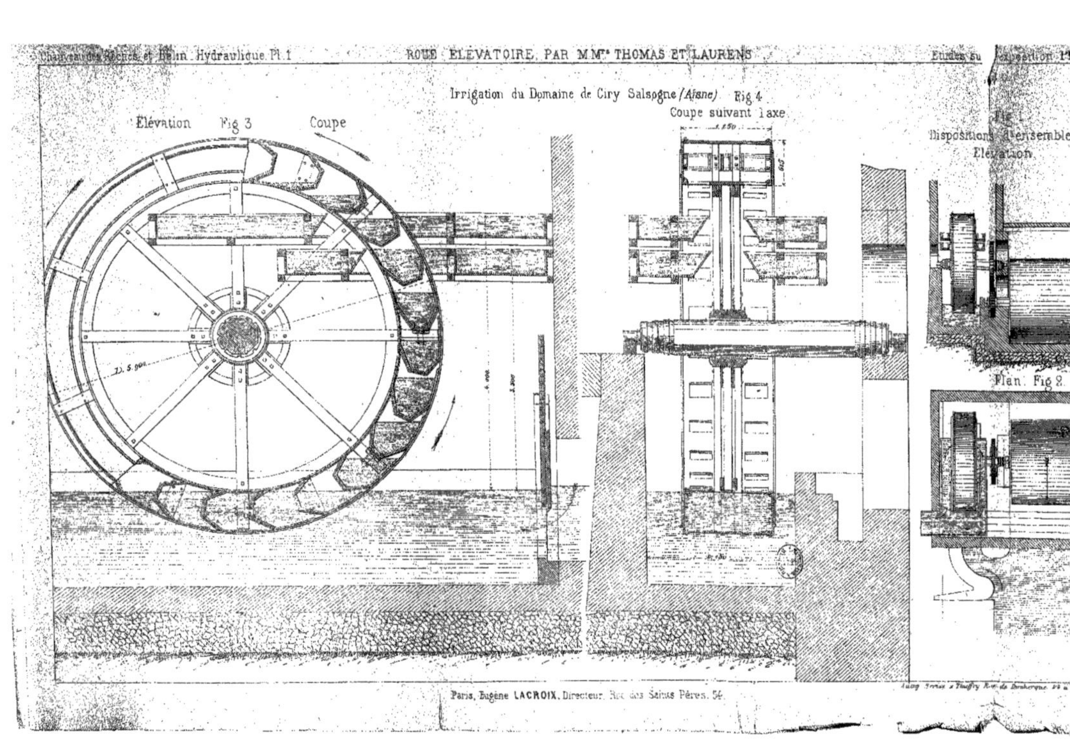

Paris, Eugène LACROIX, Directeur, Rue des Saints Pères, 54.

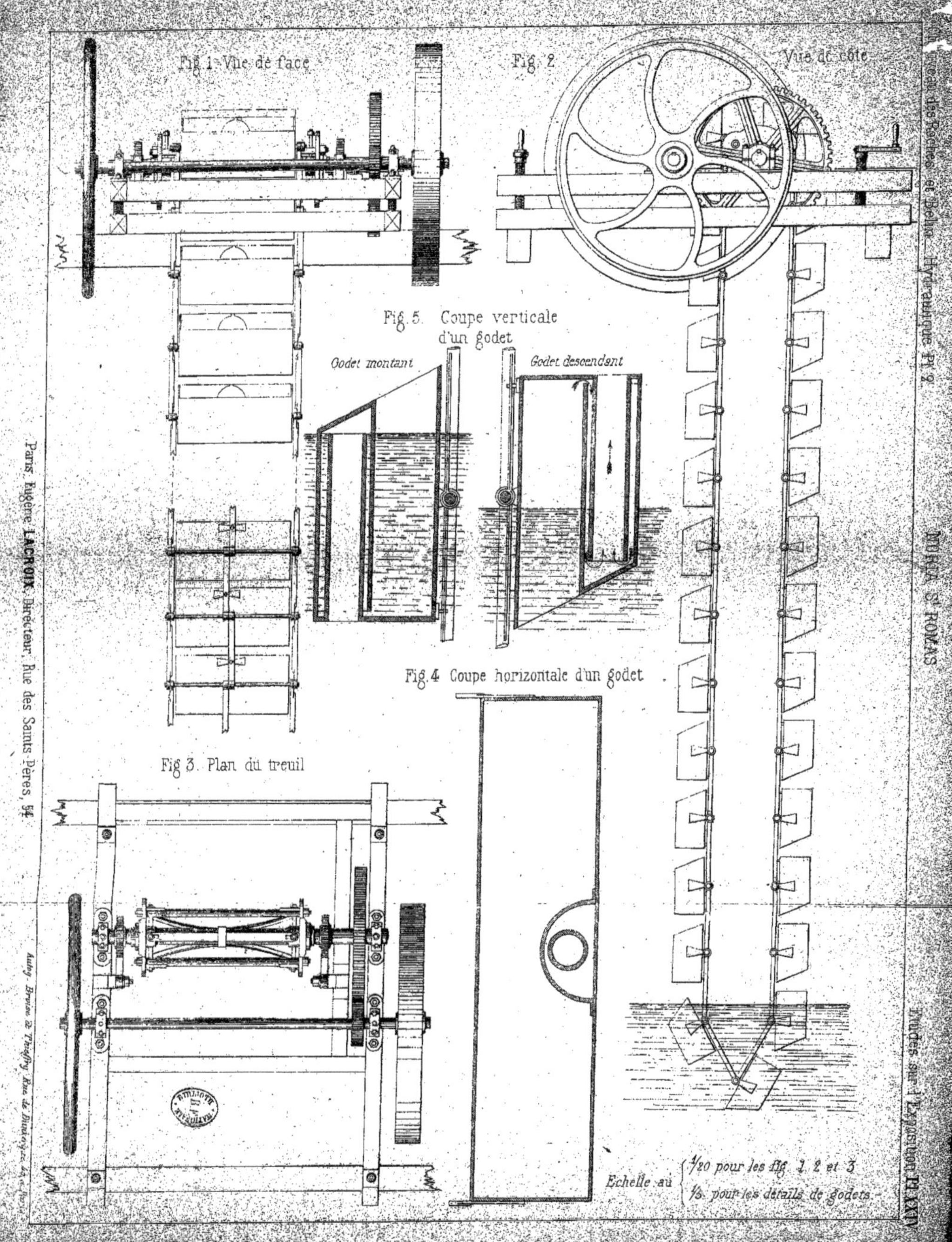
Fig 1. Vue de face
Fig. 2
Vue de côté
Fig. 5. Coupe verticale d'un godet
Godet montant
Godet descendant
Fig. 4 Coupe horizontale d'un godet
Fig 3. Plan du treuil
Echelle au
1/20 pour les fig. 1. 2 et 3
1/5. pour les détails de godets.
NORIA S.T ROMAS
Hydraulique Pl. 2
Paris, Eugène LACROIX, Directeur, Rue des Saints-Pères, 54.

POMPE DE Mrs FARCOT & FILS, POUR L'ALIMENTATION DE LA VILLE DE LISBONNE.

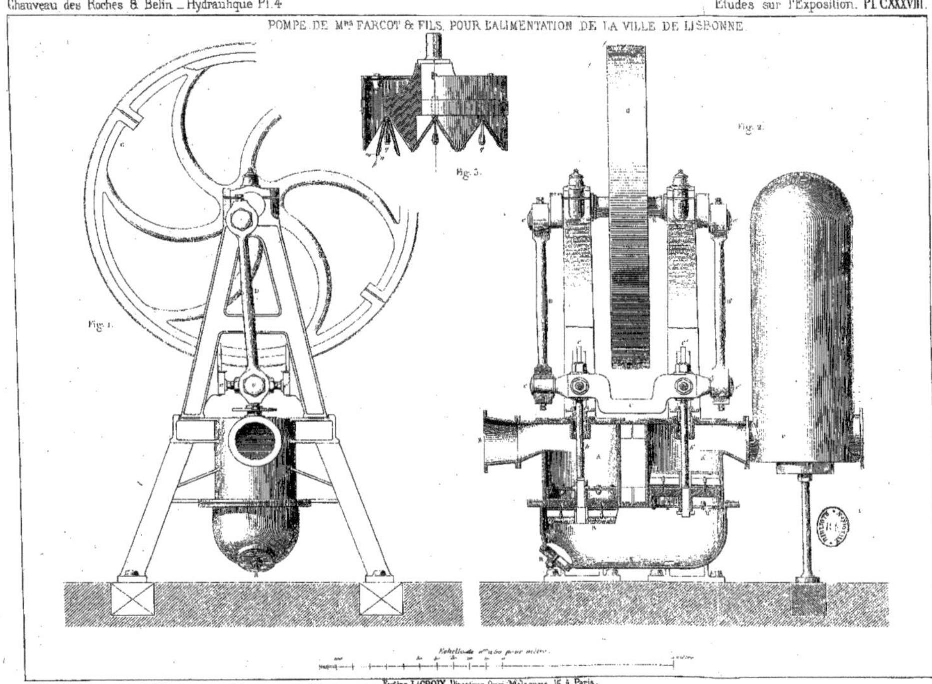

Eugène LACROIX, Directeur, Quai Malaquais, 15, à Paris.

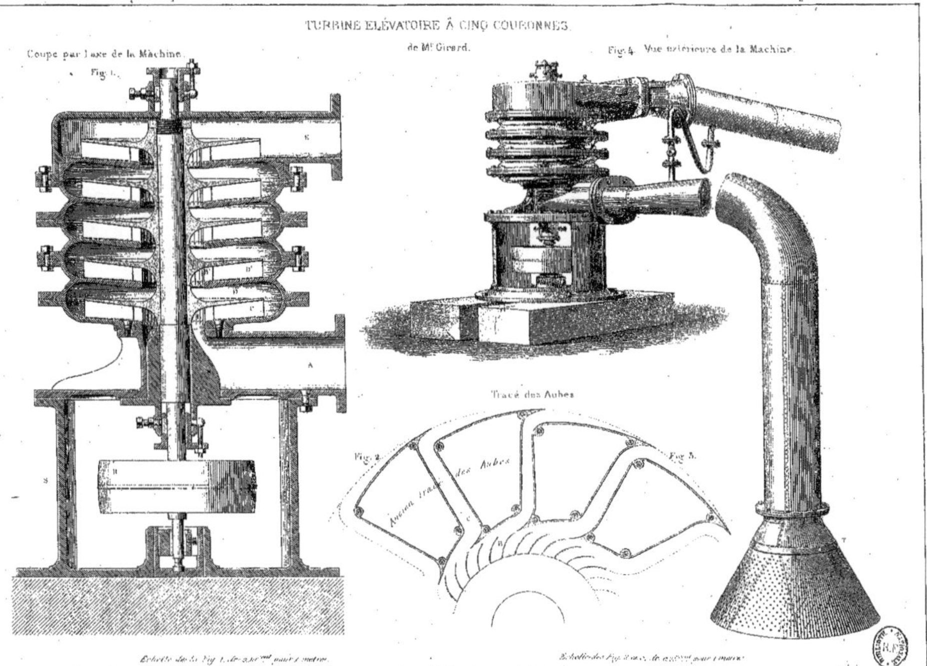
TURBINE ÉLÉVATOIRE À CINQ COURONNES
de Mr Girard.
Coupe par l'axe de la Machine.
Fig. 1.
Fig. 4. Vue extérieure de la Machine.
Tracé des Aubes
Fig. 2.
Fig. 3.
Ancien tracé des Aubes

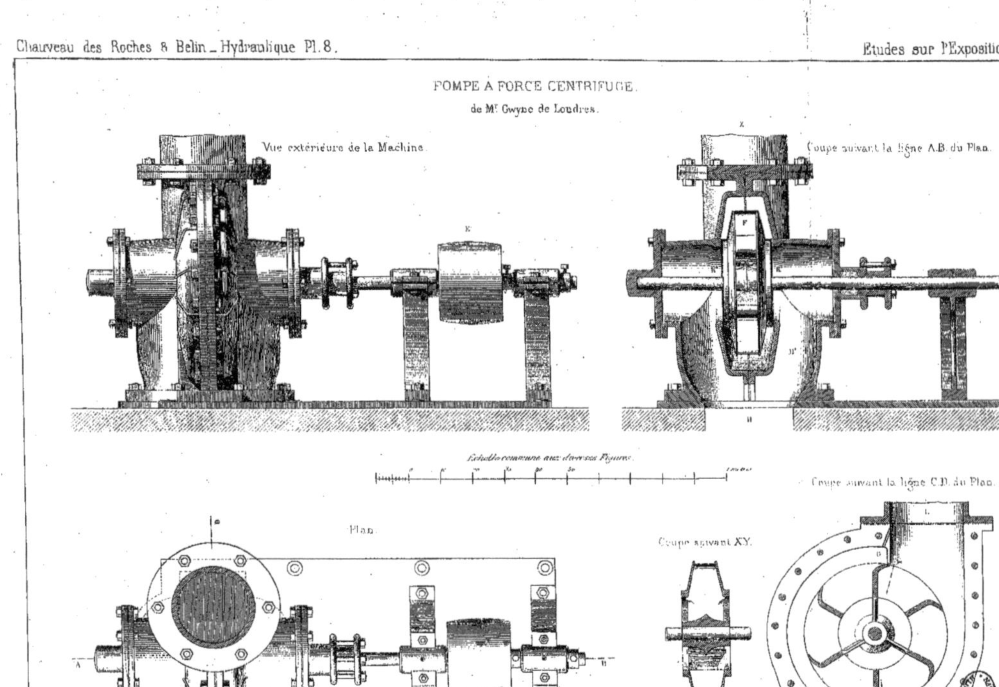

Eugène LACROIX, Directeur, Quai Malaquais, 15, à Paris.

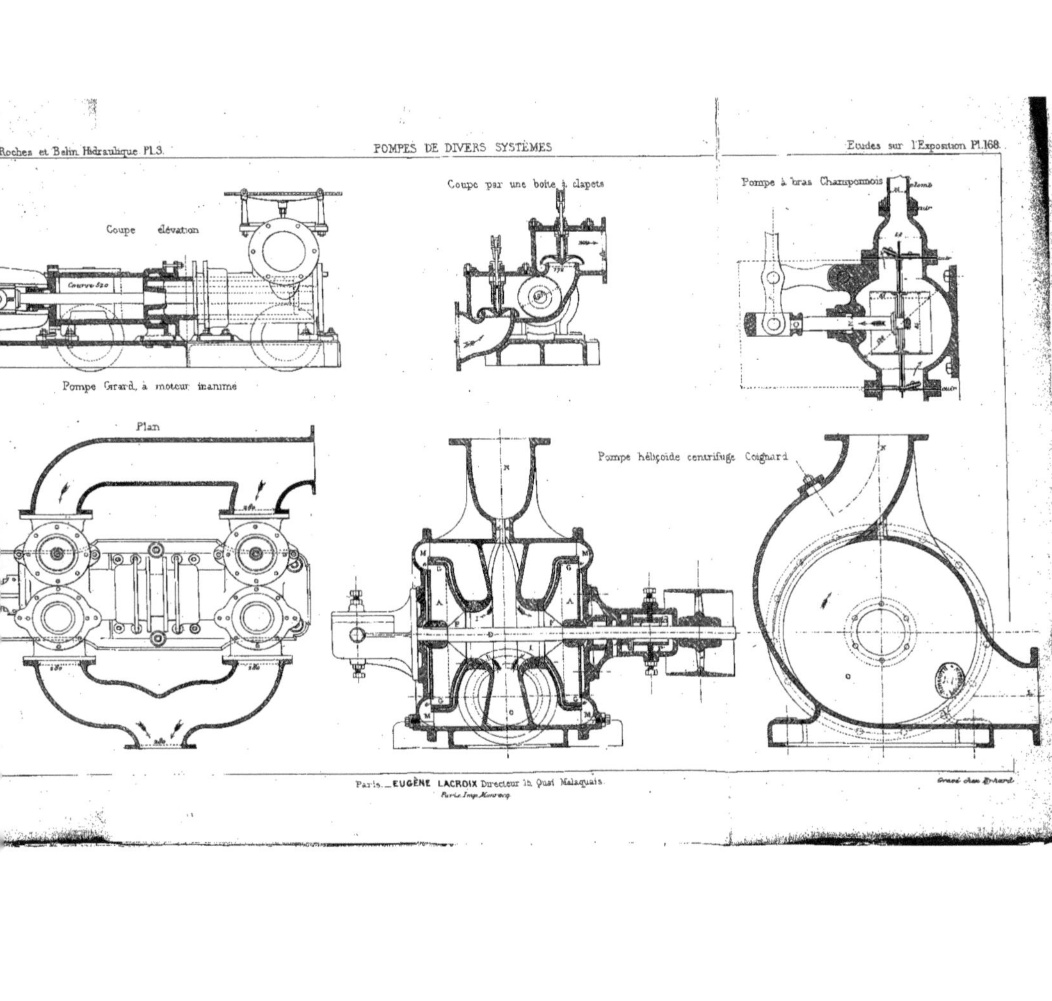

Paris. _ EUGÈNE LACROIX Directeur 15, Quai Malaquais.
Paris Imp. Monrocq.
Gravé chez Erhard.

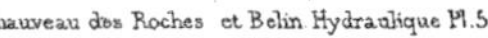

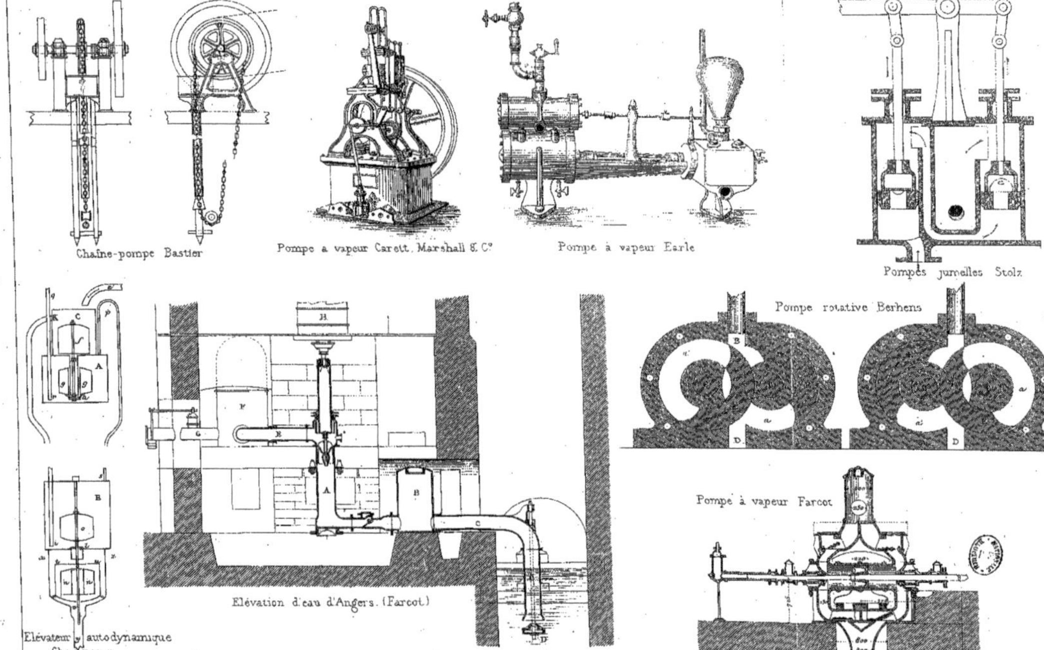

Gravé chez Erhard
Paris _ EUGÈNE LACROIX Directeur, 15, Quai Malaquais.
Paris. Imp. Monrocq

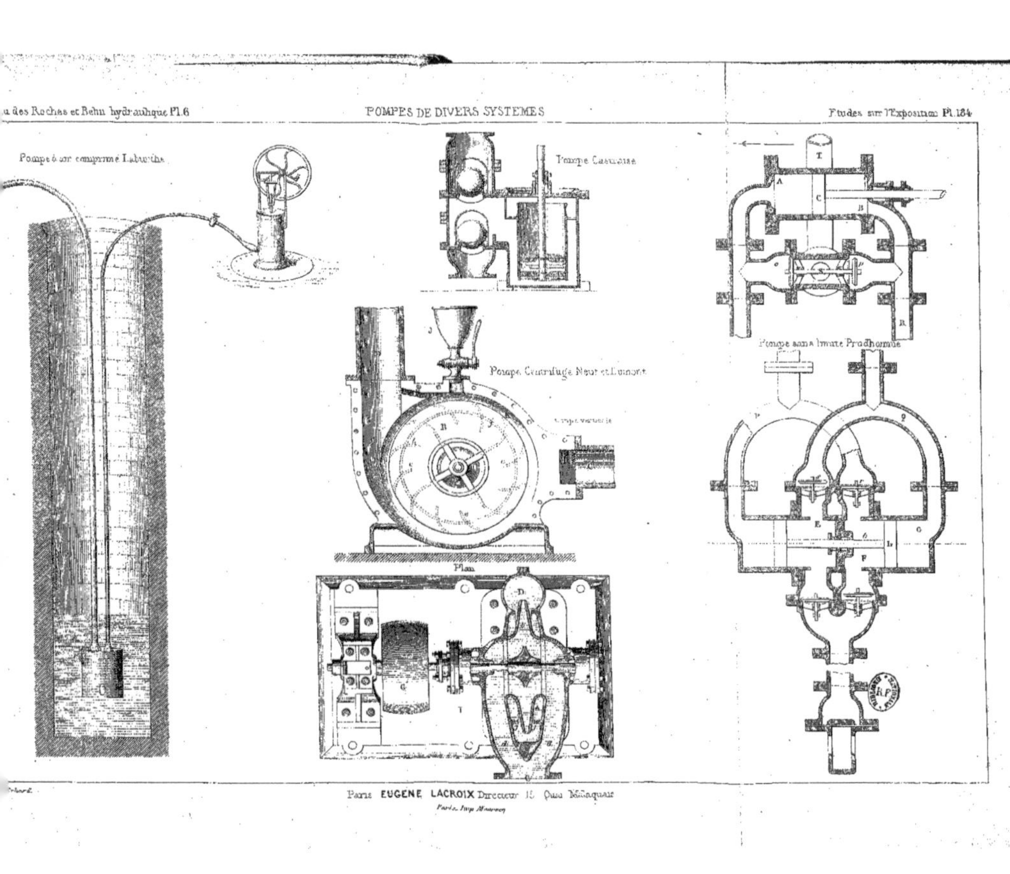
POMPES DE DIVERS SYSTEMES
Etudes sur l'Exposition Pl. 184
Pompe Centrifuge Neut et Dumont
Plan
Paris EUGENE LACROIX Directeur 15 Quai Malaquais

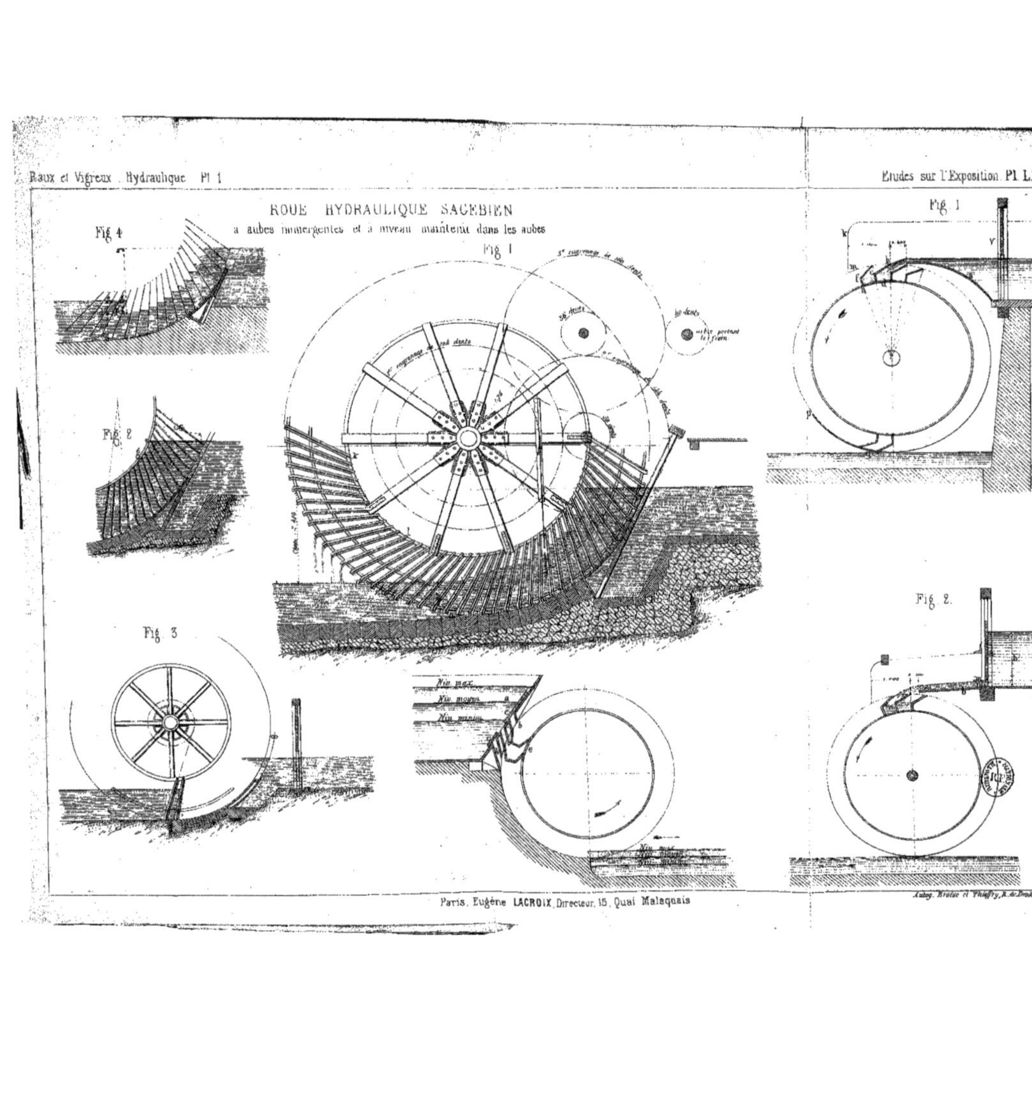

Paris, Eugène LACROIX, Directeur, 15, Quai Malaquais

ROUE HYDRAULIQUE. (MINES D'ARREVALO)

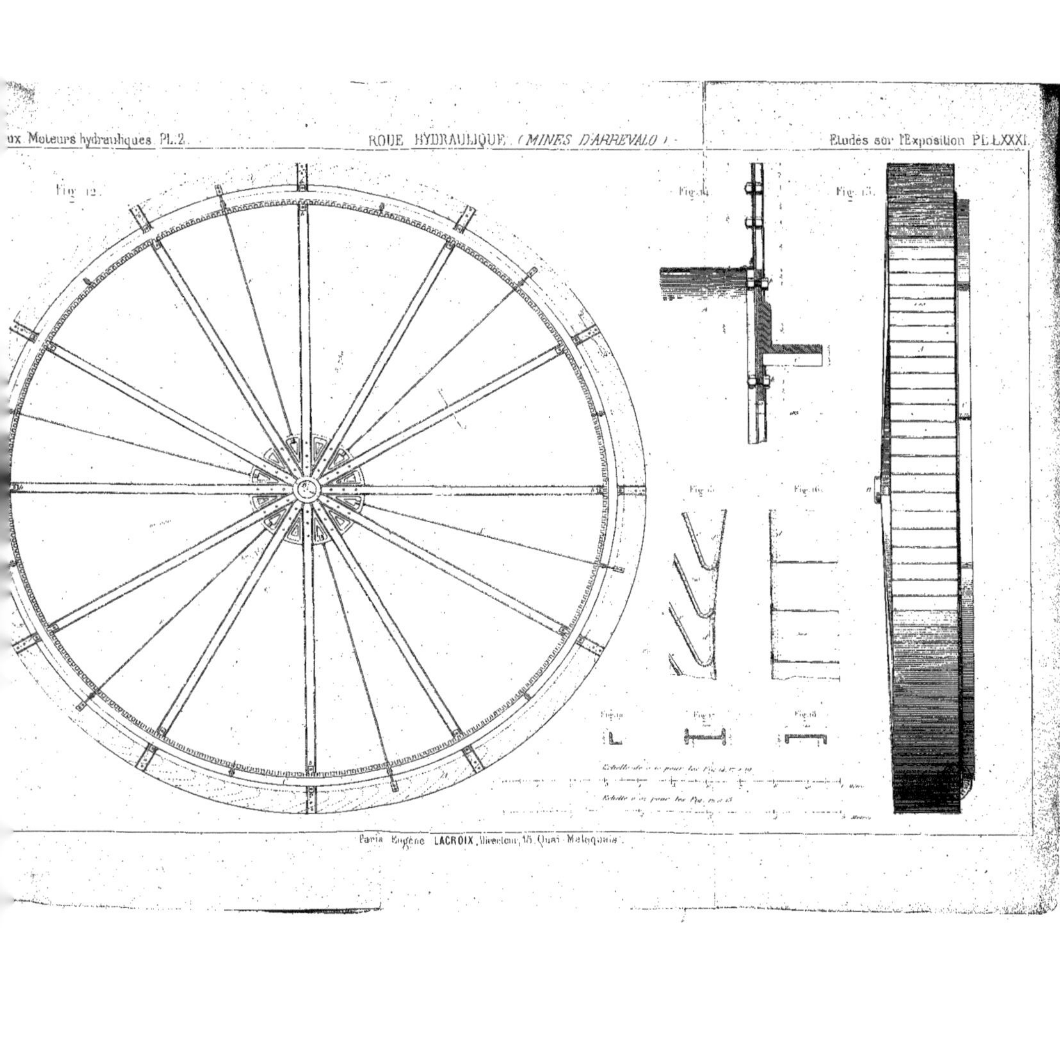

Paris Eugène LACROIX, Directeur, 15, Quai Malaquais.

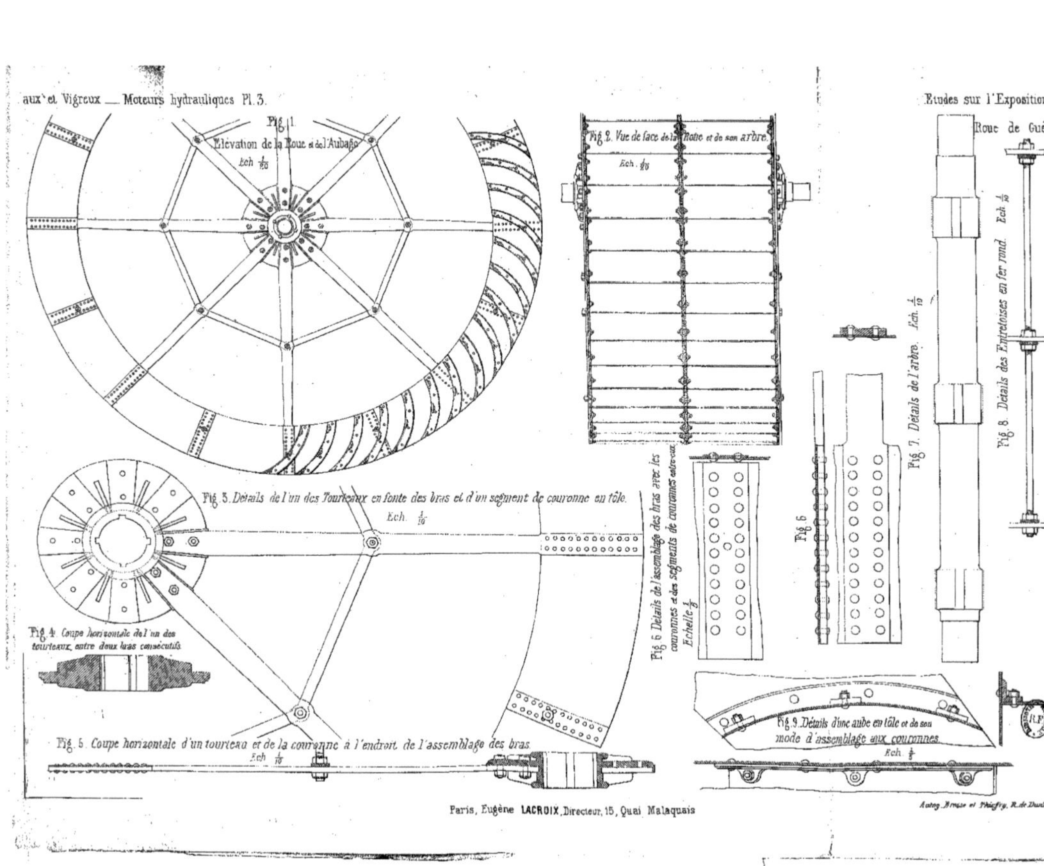

Paris, Eugène LACROIX, Directeur, 15, Quai Malaquais
Autog. Broise et Thiéfry, R. de Dunkerque

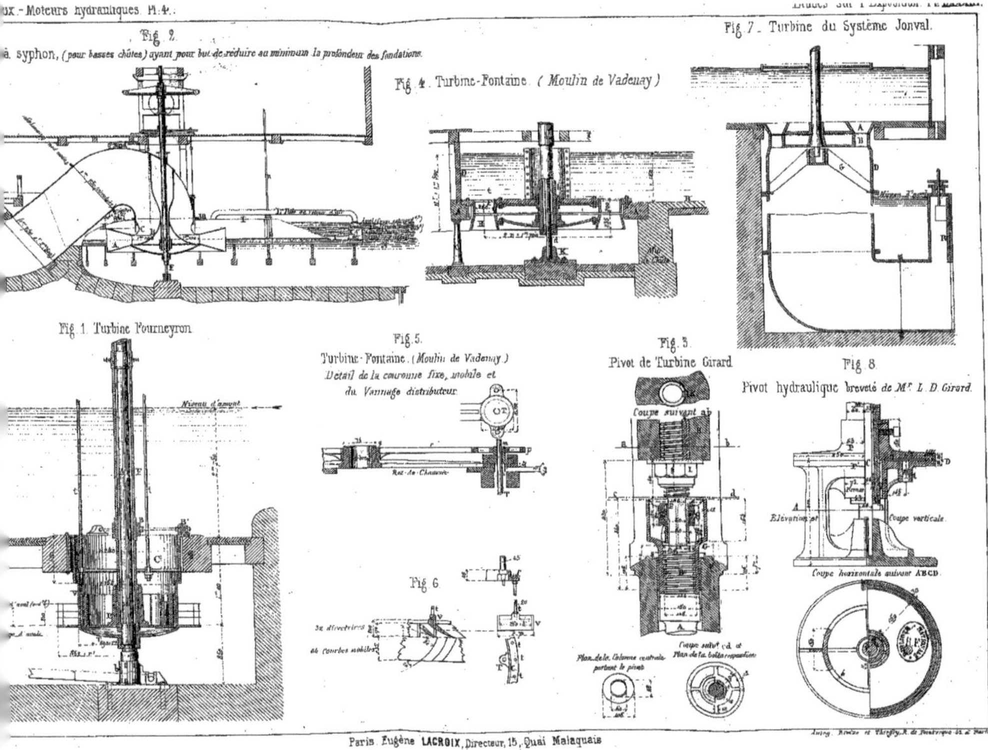

Paris. Eugène LACROIX, Directeur, 15, Quai Malaquais

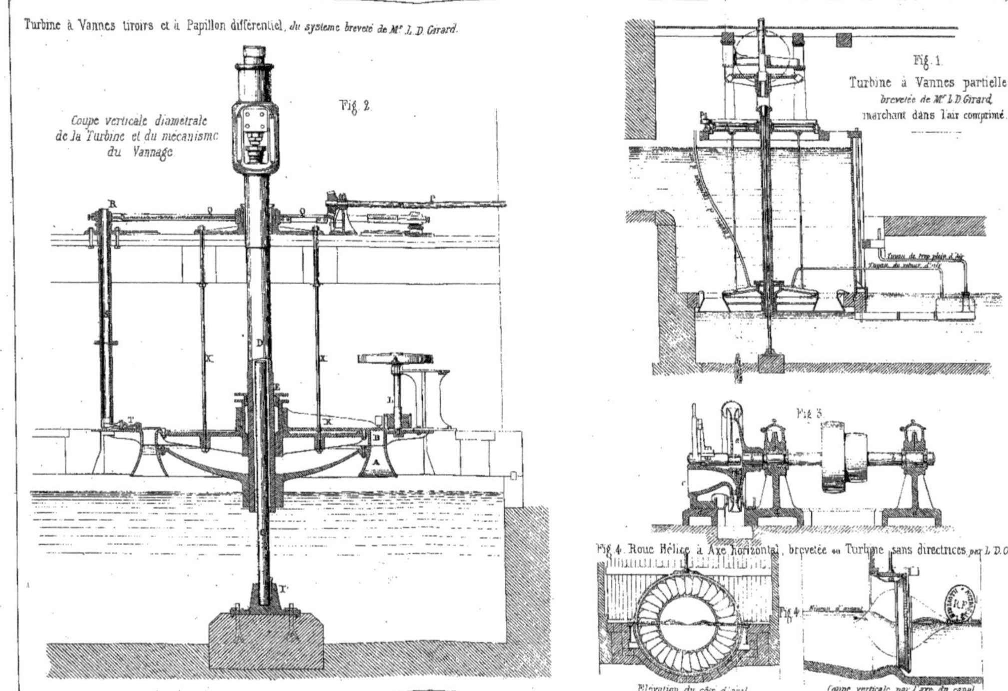

Paris, Eugène LACROIX, Directeur. 15, Quai Malaquais

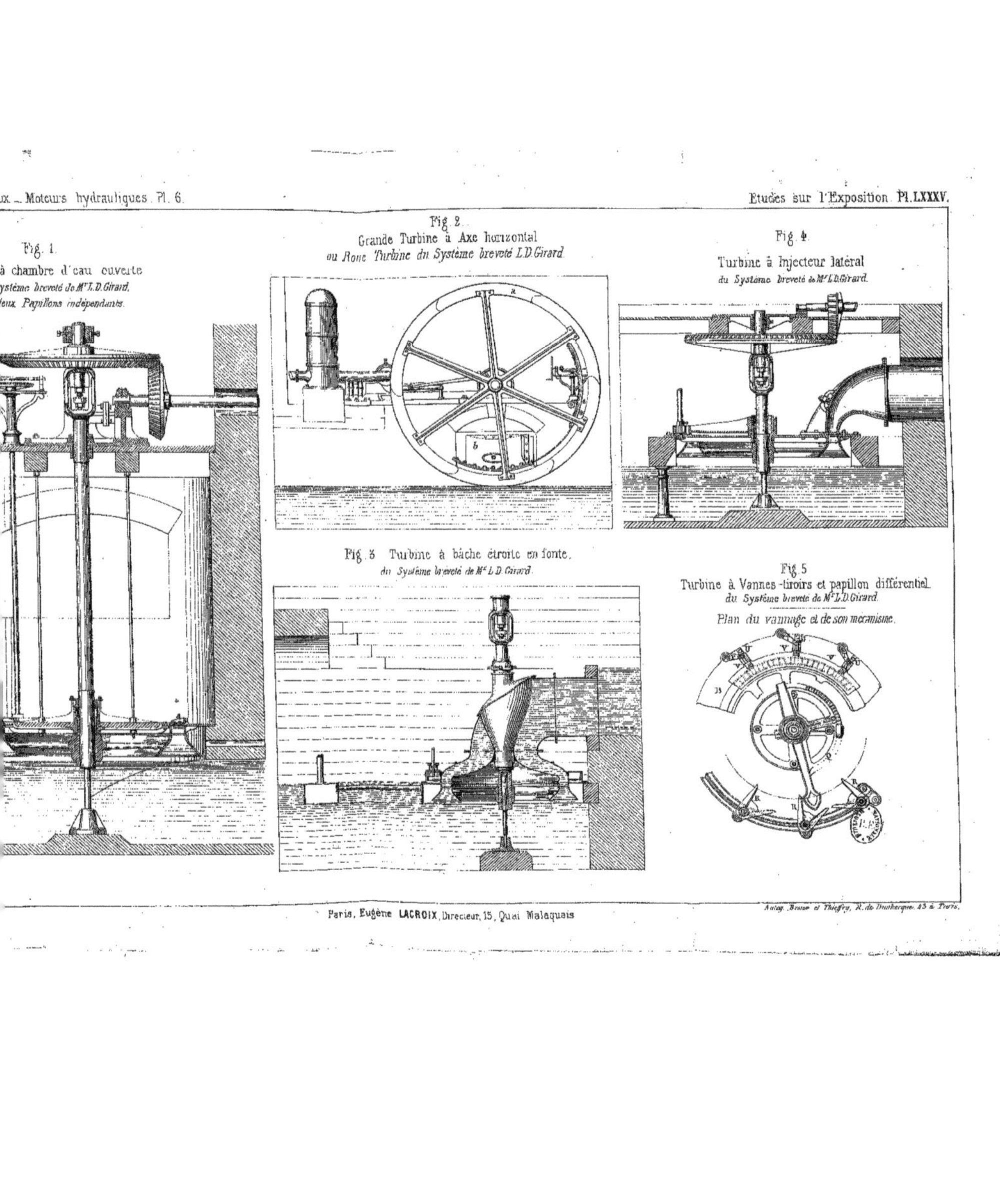
Fig. 1.
à chambre d'eau ouverte
ystème breveté de Mr L. D. Girard.
leux Papillons indépendants.
Fig. 2.
Grande Turbine à Axe horizontal
ou Roue Turbine du Système breveté L.D. Girard
Fig. 4.
Turbine à Injecteur latéral
du Système breveté de Mr L.D. Girard.
Fig. 3 Turbine à bâche étroite en fonte.
du Système breveté de Mr L.D. Girard.
Fig. 5
Turbine à Vannes-tiroirs et papillon différentiel
du Système breveté de Mr L.D. Girard.
Plan du vannage et de son mécanisme.

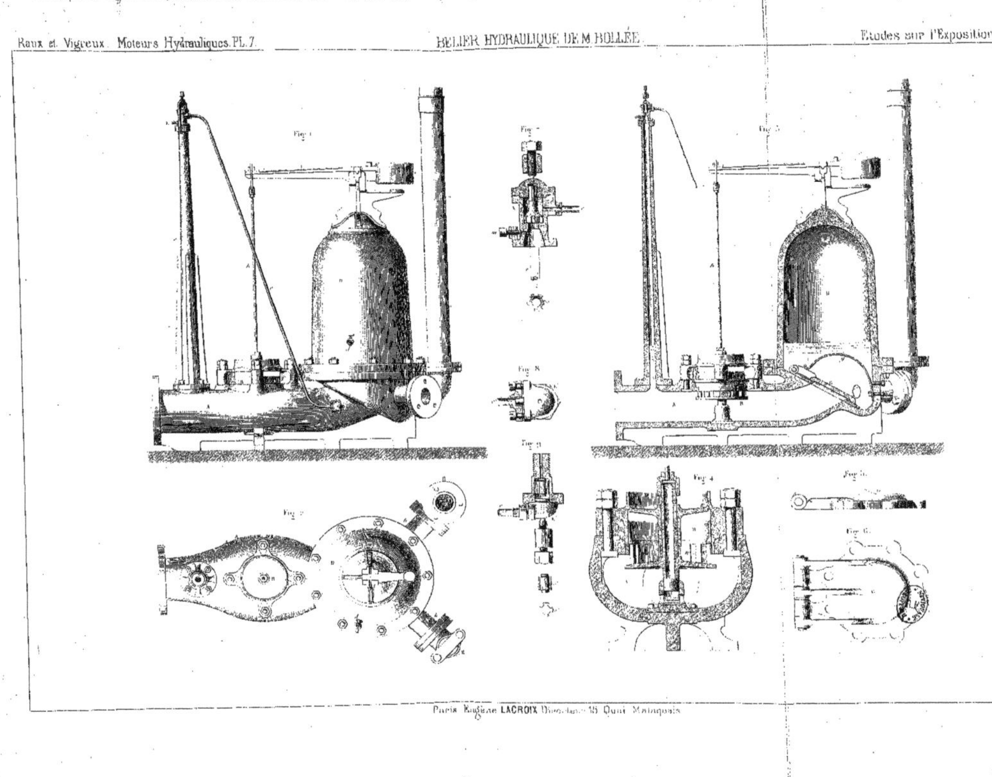
Raux et Vigreux. Moteurs Hydrauliques. PL. 7.
BELIER HYDRAULIQUE DE M. BOLLÉE
Etudes sur l'Exposition PL. I
Fig. 8
Fig. 4
Paris Eugène LACROIX

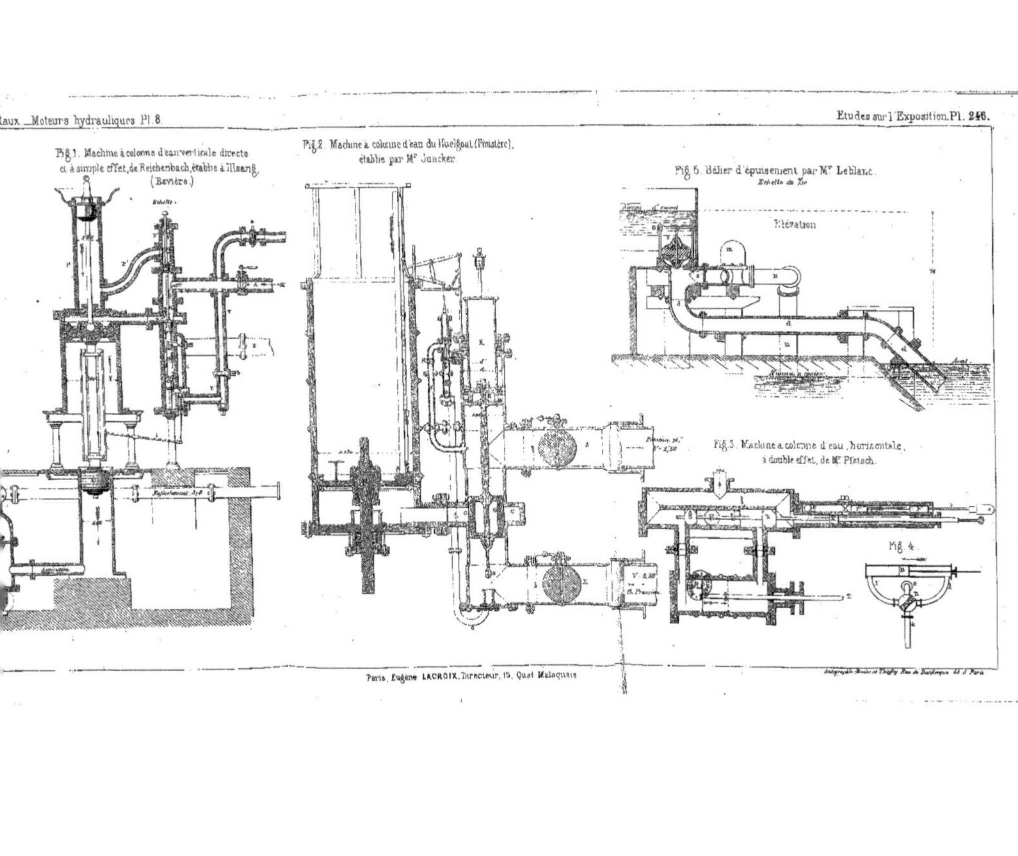

Paris, Eugène LACROIX, Directeur, 15, Quai Malaquais

Publication trimestrielle. 2 fr. par an. — Le nº : 75 c.

BIBLIOGRAPHIE

DES

INGÉNIEURS, DES ARCHITECTES

DES

CHEFS D'USINES INDUSTRIELLES

DES

ÉLÈVES DES ÉCOLES POLYTECHNIQUE ET PROFESSIONNELLES

ET DES AGRICULTEURS

REVUE CRITIQUE DES LIVRES NOUVEAUX

PAR

E. LACROIX

Membre de la Société industrielle de Mulhouse, de l'Institut royal des Ingénieurs hollandais et de la Société des Ingénieurs de Hongrie
Directeur et Fondateur des *Annales du Génie civil*
de la Bibliothèque des professions industrielles et agricoles, etc.

IVe SÉRIE, Nº XV

PUBLICATIONS DU 4e TRIMESTRE 1869

Prix : 75 c.

Avis. — Tous les ouvrages sans indication de prix n'ont pas été destinés à être livrés dans le commerce; nous prions donc nos abonnés de ne pas nous en adresser la demande, nous ne pourrions que très-rarement les satisfaire. A cette occasion, nous prions ceux de nos lecteurs qui seraient en possession de quelques-uns de ces ouvrages, qui pour eux deviendraient sans utilité, de vouloir bien nous en proposer l'acquisition, pour nous aider à compléter notre collection et celle de quelques-uns de nos abonnés.

Nous ferons l'analyse de tous les livres (concernant les sciences, l'industrie et l'agriculture) dont il aura été adressé un exemplaire au bureau de la rédaction, 54, rue des Saints-Pères.

PARIS

LIBRAIRIE SCIENTIFIQUE, INDUSTRIELLE ET AGRICOLE

Eugène LACROIX, Imprimeur-Éditeur

Libraire de la Société des Ingénieurs civils de France, de celle des anciens Élèves des Écoles impériales d'Arts et Métiers, de la Société des Conducteurs des Ponts et Chaussées de MM. les Mécaniciens de la Marine impériale, etc., etc.

54, RUE DES SAINTS-PÈRES, 54

Imprimerie à Saint-Nicolas-de-Port (Meurthe)

CORRESPONDANCE

A Monsieur J. RICHARD, à Clermont-Ferrand,

Nous avons l'honneur de vous répondre par la voie de notre recueil, parce que ce sera en même temps répondre à plusieurs de nos abonnés.

Nous puisons, pour les ouvrages français, nos renseignements dans la partie officielle du *Journal de la Librairie.* Il ne s'imprime pas une feuille de papier que l'imprimeur ne doive la déclarer, de plus il en adresse deux exemplaires au Préfet de son département après l'impression terminée. Un exemplaire de tout ce qui s'imprime est adressé au Ministère de l'intérieur, bureau de la Direction de la librairie, et la liste en est publiée dans le *Journal de la Librairie* qui paraît hebdomadairement le samedi.

Je n'ai donc qu'un seul mérite, celui de dépouiller ce journal pour en extraire les titres qui font l'objet de cette Bibliographie spéciale.

Lorsque l'un de ces ouvrages mérite d'ailleurs plus spécialement l'attention du public, je le signale par une courte analyse.

Pour les ouvrages imprimés à l'étranger, je prends mes renseignements dans les catalogues et dans les journaux techniques qui y sont publiés.

Tous les 4 ou 5 ans, je rédige une table méthodique des matières et une par noms d'auteurs pour faciliter les recherches.

E. LACROIX.

4e TRIMESTRE 1869

OCTOBRE A DÉCEMBRE 1869

A

1400*. **Annales du Génie civil** et recueil de mémoires sur les ponts et chaussées, les routes et chemins de fer, les constructions et la navigation maritime et fluviale, l'architecture, les mines, la métallurgie, la chimie, la physique, les arts mécaniques, l'économie industrielle, le génie rural, *renfermant des données pratiques sur les arts et métiers et les manufactures,* annales et revue descriptives de l'industrie française et étrangère, répertoire de toutes les inventions nouvelles, publiées par une réunion d'ingénieurs, d'architectes, de professeurs et d'anciens élèves de l'école centrale et des écoles d'arts et métiers, avec le concours d'ingénieurs et de savants étrangers. Eug. Lacroix, membre de la Société industrielle de Mulhouse, de l'Institut royal des ingénieurs hollandais et de la Société des ingénieurs de Hongrie, *directeur de la publication.* 8e année (1869). 1 vol. grand in-8, 972 p., 160 fig. dans le texte et atlas de 45 pl. 25 fr.

1401. Ababie. — Guide de l'agriculteur dans le choix, l'achat et **l'emploi des engrais.** In 8, 40 p. Toulouse, imp. Chauvin et fils.

1402. Augé. — Un philanthrope du jour et son usine. De ses mineurs ; In-8°, 180 p. Saint-Nicolas-de-Port, imp. Lacroix. 2 fr.

B

1403. Baudil. — Considérations sur **l'oïdium** et sur la nouvelle maladie de la vigne. In-8°, 45 p. Bordeaux, imp. ve Dupuy. 1 fr.

1404. Beaumont (de). — Etudes théoriques et pratiques sur la **pisciculture.** In-18 jésus, 312 p. Paris, imp. Bourdier, 3 fr. 50 c.

1405. Belloc. — **Photographie.** Procédé sur verre et sur papier. Verre opale, mat et brillant, coloris instantané, coloris brésilien. Retouche du cliché. In-12, III-73 p. Paris, imp. Cordier.

1406. Bérard (Aristide), ingénieur.—Considérations sur le rôle de la **combustion intermoléculaire** des corps renfermés dans la fonte, et sur l'influence de l'hydrogène dans la **fabrication de l'acier fondu.** In-8, 22 p. Paris, imp. Jouaust, 1 fr.

1407. Bobierre. — Simples notions sur l'achat et l'emploi des **engrais commerciaux,** avec planches coloriées et figures intercalées dans le texte. In-16, III-154 p. Paris, imp. Raçon et Ce. 2 fr.

1408. Bories. — **Engrais** de ferme, engrais industriel. In-8, 52 p. Albi, imp. Desrue.

1409. Bossin. — Semis, plantation et **culture des asperges**, 3e *édition.* In-18 jésus, 107 p. Evreux, imp. Hérissey. 1 fr.

1410. Bourée-Cottrau. — **Des Chemins de fer économiques en général,** de leur application particulière en Italie, et du système de locomotion mixte Cottrau. In-8 avec planches. 1 fr. 50

1411. Bouchard-Huzard. — Traité des **constructions rurales** et de leur disposition, ou des maisons d'habitation à l'usage des cultivateurs, etc. 2e *édition,* 1re partie. In-8, 264 p. et 94 pl. Paris, imp. ve Bouchard-Huzard. L'ouvrage complet, 25 fr.

1412. Bourret, agent-voyer. — Tables pour le **tracé des courbes** de raccordement en arc de cercle, sans calcul, sans connaître le rayon ni l'angle des alignements, avec le choix d'opérer sur la corde ou sur les tangentes. Petit in-8, 318 p. avec fig. Valréas, imp. Gauthier. 4 fr.

1413. Briot. — Théorie mécanique de la **chaleur.** In-8, XII-352 p. Paris, imp. Gauthier-Villars. 7 fr. 50 c.

1414. — Broise. **Album encyclopédique des chemins de fer.** 40e livraison. Pl. 469 à 480. Paris, autog. par Broise ; E. Lacroix. 4 fr.

1415. Buquet. — Nouveau **toueur-remorqueur,** In-8, 11 p. Saint-Nicolas (Meurthe), imp. Lacroix.

1416. Burat. — **Géologie appliquée.** Traité du gisement et de la recherche des minéraux utiles. 5e *édition.* 1re partie. Géologie pratique, In-8, 542 p., vign. et 8 pl. Paris, imp. P. Dupont. 12 fr.

1417. Burel. — **Manuel de tissage.** In-18, VIII-280 p. Paris, imp. Saillard. 3 fr.

C

1418. Carbonnier. — **L'Ecrevisse**, mœurs, reproduction, éducation. In-18 jésus, VIII-199 p. Paris, imp. P. Dupont. 2 fr.

1419. Carcenac. — Des **textiles végétaux** et des laines en Italie, en Espagne et en Portugal. In-8, 162 p. Paris, imp. Lahure.

1420. — **Carnet (Nouveau) Anthonis**, ou tables pour le commerce des grains entre la Belgique, la France, l'Angleterre, la Hollande, et *vice versâ*. — Ainsi que de Hambourg pour la Belgique, la France et la Hollande dans leurs monnaies et poids respectifs. 1 vol. in-18 cartonné. Anvers, imp. J.-E. Buschmann, 1870. 20 fr.

1421. — Castagné. Manuel pratique de la **culture du tabac** dans le département des Landes. In-16, 86 p. Dax, imp. Campion. 2 fr.

1422. — Castarède-Labarthe. (Le Docteur). — **Du chauffage** et de la **ventilation** des habitations privées. Ouvrage accompagné de 8 pl. gravées. In-8°, 235 p. Paris, imp. Parent.

1423. Champion, professeur de chimie. — **Industries anciennes et modernes de l'empire chinois**, d'après des notices traduites du chinois, par M. Stanislas Julien, membre de l'Institut, et accompagnées de notices industrielles et scientifiques. In-8, XV-254 p. et 13 pl. Paris, imp. Claye. 6 fr. 50

1424. Chasteigner (de), propriétaire de vignobles. — Les vins de Bordeaux, guide pratique des gens du monde pour le choix, l'usage et la conservation des vins de table; 2e *édition*. In-18, 69 p. Bordeaux, imp. Delmas. 1 fr.

1425. Chatin. — **La Truffe**, étude des conditions générales de la production truffière. In-18 jésus, 202 p. et 2 pl. Paris, imp. ve Bouchard-Huzard. 3 fr.

1426. Chauveau des Roches, ingénieur en chef des chemins de fer de la Ferté-sous-Jouarre à Montmirail, etc. — Voies de communication intérieures, législation nouvelle. **Chemin de fer d'intérêt local**. In-8, 67 p. Saint-Nicolas-de-Port (Meurthe), imp. Lacroix. 2 fr.

1427. **Collection de dessins** à l'usage des écoles primaires et professionnelles :

1° Études pour l'enseignement du paysage, 6 cahiers de chacun 6 planches à 2 fr. 50 15 fr.

2° Lettres ornées, 12 cahiers de chacun 6 planches à 1 fr. 50. 18 fr.

3° Devises vignettes et allégories, pour peintres, décorateurs, graveurs, lithographes, etc., 7 cahiers de chacun 6 pl. à 3 fr. 21 fr.

4° Album d'ornements, 6 cahiers de chacun 6 pl. à 1 fr. 50 9 fr.

5° Album d'étiquettes, 7 cahiers de chacun 6 pl. à 2 fr. 50 17 fr. 50

6° Ecritures renversées à l'usage des lithographes. 2 cahiers à 1 fr. 50 3 fr.

7° Groupes d'enfants. 1 cahier de 6 pl. 5 fr.

8° Formes originaires des caractères les plus en usage. 1 cahier de 6 pl. 1 fr. 50

9° Monogrammes. 10 cahiers de chacun 6 pl. à 1 fr. 50 15 fr.

Nous mettons aujourd'hui en vente les premiers cahiers de ces neuf séries d'album; d'autres cahiers sont sous presse.

Les planches sont dessinées et gravées avec le plus grand soin.

1428. Collignon, ingénieur des ponts et chaussées. — **Cours de mécanique** appliquée aux constructions, 1re partie. Résistance des matériaux. In-8, VII-647 p. et 5 pl. Paris, imp. Cusset et Cie. 9 fr.

1429. Cordier. — Champignons de France, vignettes et 60 chromolithogr. 1re livraison. In-8, XII-231 pages. Paris, imp. Lainé. 30 fr.

D

1430. Delacroix et Berthaut. — Le nouveau et parfait **maréchal expert**. In-12, 192 p. Clichy, imp. Loignon. 2 fr.

1431. Delchevalerie. — **Les Orchidées**, culture, propagation, nomenclature. In-18 jésus, 137 p. Orléans, imp. Jacob. 1 fr. 25

1432. Delvigne. — Notice sur la **Construction et l'emploi** des canons et des flèches porte-amarres. In-8, 24 p. Paris, imp. Jannin. 1 fr. 25

1433. Description des **machines** et **procédés** pour lesquels des brevets d'invention ont été pris sous le régime de la loi du 5 juillet 1844. T. 67. In-4 à 2 col., 439 p. et 54 pl. Paris, imp. impériale 40 fr.

1434. Description des **machines** et **procédés** pour lesquels des brevets d'invention ont été pris sous le régime de la loi du 5 juillet 1844, publiée par les ordres de M. le ministre de l'agriculture et du commerce. T. 68. In-4, 487 pages et 44 pl. Paris, imp. impériale. 40 fr.

1435. Desjardins, ex-inspecteur voyer. — Revue des diverses **méthodes de qua-**

drature en usage, accompagnée des moyens de contrôle des mesures levées au graphomètre ou à l'équerre; et Précis des formules employées au métrage de toutes les surfaces planes, suivi d'un procédé de détermination des aires des figures levées au mètre ou au ruban sans le secours d'aucun autre instrument. In-8, 71 p. et planches. Noyon, imp. Andrieux.

1436. Différentes méthodes de cultiver le **champignon**. Petit in-8, 54 p. Valenciennes imp. Prignet.

1437. Douliot. — **Coupe des pierres**. 2e *édition*. Texte In-4, VIII-539 p. Abbeville, imp. Briez. 30 fr.

1438. Dronne. — **Charcuterie ancienne et moderne**. Traité historique et pratique renfermant tous les préceptes qui se rattachent à la charcuterie proprement dite et à la charcuterie-cuisine; suivi des lois, ordonnances, règlements et statuts concernant cette profession, avec gravures et dessins. In-8, x-373 p. Paris, imp. de Mourgues frères 8 fr.

1439. Dumas. — Nouveau manuel des **commerçants en spiritueux**. In-12, 27 p. et 1 tableau. Paris, imp. Meyrueis.

1440. Dupuis. — **Arbres d'ornement** de pleine terre, 40 gravures in-18 jésus, 162 p. Abbeville, imp. Briez. 1 fr. 25

E

1441. Eloffe. — L'**Ortie**, ses propriétés alimentaires, médicales, agricoles et industrielles. In-16, 111 p. Paris, imp. Donnaud. 1 fr. 50 c.

F

1442. Ferrand. — Les **Pans-de-Fer**. In-8, 24 p. Paris, imp. Rouge frères et Cie.

G

1443. Gagnat. — Observations générales sur les causes de la **maladie des vers à soie** soumises à la Société impériale d'agriculture de Lyon. In-8, 16 p. Lyon, imp. Pitrat.

1444. Gallard. — Applications hygiéniques des différents procédés de **chauffage et de ventilation**. In-8, 66 p. Paris imp. Martinet. 1 fr. 50

1445. Gauthier. — Nouveau mode de **culture de l'asperge et du fraisier**. In-8, 8 p. Guebwiller, imp. Jung.

1446. Gobin. — Guide pratique d'agriculture générale, par A. Gobin, professeur de zootechnie. In-18 jésus. x-448 p. Saint-Nicolas-de-Port, imp. et librairie E. Lacroix. 4 fr.

Bibliothèque des professions industrielles et agricoles.

1447. Greff. — La Fermière. Notions élémentaires **d'économie domestique agricole**. 5e *édition*. In-18, 144 p. Metz, imp. Thomas. 60 c.

1448. Grimard, agent-voyer — **Tabliers métalliques dallés**. Note sur l'emploi des poutres droites en tôle de fer et du rail Barlow à la construction des tabliers de pont, pour ouvertures de 2 à 10 mètres, à établir sur les chemins vicinaux. In-8, VIII-88 p. et 6 planches. Agen, imp. Noubel.

1449. Gruner, inspecteur général des mines. — Etudes sur l'acier. Examen du procédé Heaton. In-8, 104 p. et 3 pl. Paris, imp. Cusset et Cie. 4 fr.

1450. Guyot. — **Culture de la vigne** et vinification, 2e *édition*. In-18 jésus, VIII-422 p. Paris, imp. Cusset et Cie. 3 fr. 50

H

1451. Hittorf. — **Chemins de fer**. Machines locomotives, application de la chaleur directe du foyer au séchage et au surchauffage de la vapeur. In-8, 15 p. 2 pl. Paris, imp. P. Dupont.

1452. Houdoy. — Histoire de la **céramique** lilloise, précédée de documents inédits constatant la fabrication de carreaux peints et émaillés en Flandre et en Artois au XIVe siècle. Gr. in-8, XI-171 p. et pl. Lille, imp. Danel. 15 fr.

Papier vergé. — Titre rouge et noir.

1453. Huzard. — Manuel du petit **éleveur de poulains** dans le Perche. In-18, 165 p. Paris, imp. Huzard. 2 fr.

J

1454. Joigneaux. — **Causeries sur l'agriculture** et l'horticulture, 2e *édition*. In-18 jésus, 407 p. 27 fig. Abbeville, imp. Briez. 3 fr. 50

K

1455. Kien. — Les **Machines à parer et les encolleuses** pour tissage mécanique de coton. In-8, 15 p. Saint-Nicolas (Meurthe), imp. E. Lacroix
Extrait de l'Annuaire 1867 de la Société des anciens élèves des écoles impériales d'arts et métiers. 10 fr.

L

1456. Labrouche (Félix). — De l'utilisation de **l'engrais urbain**. In-8, 8 p. Saint-Nicolas (Meurthe), imp. et lib. E. Lacroix. 1 fr.

— **Enquête agricole**. Aperçus sur les documents recueillis à l'étranger. Etude. In-16, 16 p. Bayonne, imp. Lamaignère. 1 fr. 50

— Chemins de fer. D'une **réforme** du matériel roulant. In-16, 16 p. Bayonne, imp. Lamaignère. 1 fr. 50 c.

1457. Lagrené (de). — Cours de navigation intérieure. **Fleuves et rivières**. T. I, In-4, VIII-163 p. Abbeville imp. Briez. 12 fr. 50

1458. Le Chatelier, ingénieur en chef des mines. — Chemin de fer. Supplément au mémoire sur la **marche à contre-vapeur** des machines locomotives. In-8, 144 p. Paris, imp. Martinet. 3 fr.

1459. Ledieu. — La Rotative américaine **Behrens**. In-4, 76 p. Paris, imp. Raçon et Cie. 7 fr. 50

1460. Lefebvre. — Nouveau manuel de **cubage des bois de sciage**, pour servir au mesurage de toutes les espèces de bois sciés se vendant ordinairement au mètre cube, et particulièrement des bois de chêne, bordages, madriers, planches, etc. (45000) cubes exprimés en stères, décistères, centistères, millistères et dixmillistères. Ouvrage comprenant les divers modes de cubage en usage en France. In-4, 89 p. Le Havre, imp. Foucher. 2 fr. 25

1461. Leferme, ingénieur des ponts et et chaussées. — Mémoire sur l'envasement et le dévasement du **port de Saint-Nazaire**. In-8, 40 p. et 2 pl. Paris, imp. Cusset et Cie. 2 fr.
Annales des ponts et chaussées, t. 18, 1869.

1462. Lemaire. — Traité complet de la **fabrication du sucre candi** et de la concrétion des sirops épuisés par un procédé qui a pour but de tirer parti de tout le sucre sans laisser après le travail ni un atôme de sirop ni un atôme de mélasse. In-8, 36 p. Avesne, imp. Dubois-Viroux.

1463. Lemonnier, maître de forges. — Coup d'œil sur la **métallurgie du fer** dans l'est et le sud-est de la France. In-8, 235 p. et 5 pl., dont une carte en couleur. Saint-Nicolas-de-Port, imp. et lib. E. Lacroix; Paris, même maison. 20 fr.
Tiré à cent exemplaires.

1464. Leprince, ingénieur hydraulicien. — Applications **hydrauliques** nouvelles en Suisse. In-8, 11 p. et pl. Saint-Nicolas (Meurthe), imp. E. Lacroix.
Annuaire de la Société des anciens élèves des écoles impériales d'arts et métiers. 10 fr.

1465. Level. — De la construction et de l'exploitation des **chemins de fer d'intérêt local**. In-8, 8 p. Paris, imp. Cusset et Cie. 10 f.

1466. Loi sur la **police des chemins de fer** du 15 juillet 1845, suivie de l'ordonnance du 15 novembre 1846 et des extraits d'arrêtés du ministre des travaux publics, des notes, décisions et circulaires des ministres de la guerre et de la justice, concernant le transport des chevaux, des bagages et des militaires isolés, les escortes de poudres et de prisonniers, les indemnités dues pour ces escortes. In-8, 40 p. Paris, imp. Léautey.

1467. Lukomski et Périn. — **Police** des constructions. Hauteur des constructions, hauteur des étages, combles et lucarnes. In-18 jésus, VII-191 p. Paris, imp. Rouge frères. 2 fr. 50

M

1468. Mabille. — Le **Propriétaire paysagiste**, ou manuel d'horticulture, d'arboriculture fruitière et forestière, d'anatomie et de physiologie végétales, de l'ornementation des parcs et jardins, etc., avec plans et vignettes. In-18 jésus 568 p. Orléans, imp. Chenu. 5 fr.

1469. Magne, directeur de l'École impériale d'Alfort. — **Hygiène vétérinaire appliquée**. Races chevalines, leur amélioration. Entretien, multiplication, élevage, éducation du cheval, de l'âne et du mulet, précédé des principes généraux de l'amélioration des animaux domestiques. 3e *édition*. In-18 jésus, IV-658 p. Paris, imp. Raçon et Cie 8 fr.

— Races bovines, leur amélioration. Entretien, multiplication, élevage, engraissement du bœuf. 3e *édition*. In-18 jésus, III-412. p. Paris, imp. Raçon et Cie. 5 fr.

1470. Malingré. — Culture de la **reine-marguerite.** In-18 jésus, 23 p. Evreux, imp. Hérissey.

1471. Marqfoy. — De l'exécution des **chemins de fer** départementaux par l'État. In-8, 59 p. Paris, imp. P. Dupont.

1472. Matthey, ingénieur. — **Machines d'extraction.** Résolution des différents problèmes qui ont rapport à l'établissement de ces machines. In-8°, 21 p. Saint-Nicolas (Meurthe), imp. E. Lacroix.

Annuaire de la Société des anciens élèves des écoles impériales d'arts et métiers. 10 fr.

1473. **Menuiserie.** Série des prix applicables aux travaux exécutés par les ouvriers à façon, établie par la Commission mixte des entrepreneurs et des marchandeurs de la ville de Paris. In-4, 32 p. et pl. Paris, imp. Guérin. 3 fr. 50

1474. Moinel (Ch.). — **Des prairies irriguées** et de leur établissement. in-8, 96 pages Epinal, typ. et lith. Pellerin et Cie. 1 fr.

1475. Monbro. — Machine à mouler les **roues d'engrenages,** brevetée s. g. d. g. In-8, 7 p. Saint-Nicolas (Meurthe), imp. E. Lacroix.

Bulletin mensuel de la Société des anciens élèves des écoles impériales d'arts et métiers; le Bulletin n'est pas livré au commerce.

1476. Munier. — Nouveau **Guide de l'imprimerie,** de la librairie et de la papeterie, indispensable aux auteurs, éditeurs, libraires, ouvriers d'imprimerie, brocheurs, relieurs, etc., indiquant le poids, la qualité, le format des papiers, la composition des volumes et les signes de correction. In-16, 44 p. Paris, imp. Claye. 1 fr.

N

1477. Note sur l'**utilisation des routes** à l'établissement de chemins de fer économiques. In-8, 28 p. Lyon, imp. ve Rougier et fils.

O

1478. Ortolan. — **Guide pratique de l'ouvrier mécanicien,** par M. A. Ortolan, mécanicien en chef de la flotte, avec la collaboration de MM. Bonnefoy, Cochez, Dinée, Gibert, Guipont, Juhel, mécaniciens de la marine., petit in-4°. Avec un atlas de 52 pl. 1 volume in-18 jésus, x-627 p. et nombreuses fig. dans le texte, Corbeil, imp. Crété fils. 12 fr.

Bibliothèque des professions industrielles et agricoles.

P

1479. Paris (l'amiral). — **L'Art naval** à l'Exposition universelle de Paris en 1867. In-8, VII-1293 p. 50 pl. et 2 tableaux. Paris, imp. Cusset et Cie. 16 fr.

1480. Pelletier. — **Petit Dictionnaire d'entomologie.** In-18, 177 p. Blois, imp. Lecesne.

1481. Philippar. — L'**cide carbonique** considéré dans ses rapports avec l'agriculture. In-8, 42 pages. Paris, imp. Bouchard-Huzard. 1 fr. 50 c.

1482. Presle (de). — Traité de **mécanique rationnelle.** In-8, XII-252 p. Paris, imp. Gauthier-Villars. 5 fr.

R

1483. Rebout et Normand. — **Etudes d'ombres et de lavis** appliquées aux ordres d'architecture, ou vignole ombré, par A.-E.-M. Rebout, architecte, et Normand aîné, membre de la Société libre des beaux-arts de Paris. *Nouvelle édition.* In-folio à 2 col., 11 p. et 15 pl. Saint-Nicolas-de-Port, imp. Lacroix. 18 fr.

Publications scientifiques, industrielles et agricoles d'Eug. Lacroix.

1484. Reech et Leclert. — **Théorie des machines motrices** et des **effets mécaniques de la chaleur,** leçons faites à la Sorbonne; par M. Reech, directeur de l'Ecole impériale d'application du génie maritime, recueillies et rédigées par M. Émile Leclert, professeur à la même école. In-8, 189 p. Paris, imp. P. Dupont. 5 fr.

Publications scientifiques-industrielles de E. Lacroix.

1485. Regnauld. — Traité pratique de la

construction des ponts et viaducs métalliques. In-8, 585 p. et atlas de 53 pl. Paris, imp. Cusset et Cie. 25 fr.

1486. **Renseignements utiles pour les chauffeurs et les mécaniciens** : 1o Décret concernant la fabrication et l'établissement des machines à vapeur, précédé d'un Rapport adressé à S. M. l'Empereur par S. Exc. le ministre de l'agriculture, du commerce et des travaux publics ; 2o Notions sur la combustion et la conduite du feu, sur les règles à suivre dans le chauffage des chaudières au point de vue de la sécurité ; sur la conduite des machines à vapeur et les opérations les plus importantes de leur montage. In-8, 56 p. Saint-Nicolas (Meurthe), imp. E. Lacroix. 3 fr. 50

Publications scientifiques industrielles de E. Lacroix.

1487. RICHE, ingénieur. — Tables des moments de **rupture des poutres en fer** en forme de double T. In-8, IX-59 p. Maubeuge, imp. Beugnies. 6 fr.

1488. RIBOUC, ingénieur des ponts et chaussées. — Notice sur le **tube d'inversion** ou la machine locomotive transformée en générateur de chaleur pour produire l'arrêt des trains. In-8, XV-84 p. et 1 pl. Paris, imp. Cusset et Cie. 3 fr.

1489. — Notice sur l'emploi régulier de la **contre-vapeur** pour modérer la vitesse et produire l'arrêt des trains. In-8, 19 p. Douai, imp. Crépin. 2 fr. 50

1490. RONNA. — **Emploi des eaux d'égout** en agriculture. In-8, 22 p. Nancy, imp. Raybois. 50 c.

1491. ROSSEL, lieutenant du génie. — Note sur la **réparation militaire des ponts** et particulièrement des ponts de chemins de fer, par les armées en campagne. In-8, XII-145 p. Abbeville, imp. Briez. 7 fr. 50

S

1492. SANSON. — Notions usuelles de **médecine vétérinaire**. 2e *édition*. In-18 jésus, 169 pages, Orléans, imp. Jacob. 1 fr. 25

1493. SAUTEREAU, ingénieur civil. — Les **Chemins de fer d'intérêt local**. Réseau romorantinois. In-4, 29 p. et carte. Tours, imp. Mazereau.

1494. SERGENT, ingénieur civil. — **Traité pratique et complet du jaugeage des vaisseaux** de toutes espèces, tels que bacs, cuves, citernes prismatiques, de chaudières, de forme demi-sphérique, avec 3 planches. In-8, 63 p. Saint-Nicolas (Meurthe), imp. E. Lacroix.

Cet ouvrage n'a pas été livré au commerce.

1495. Statistique centrale des chemins de fer. **Chemins de fer français** au 31 décembre 1868. Ministère de l'agriculture, du commerce et des travaux publics. Direction générale des ponts et chaussées et des chemins de fer. In-4, 281 p. et 1 carte. Paris, imp. impériale.

T

1496. TERNANT. — Manuel pratique de **télégraphie sous-marine**. Construction, pose, entretien et exploitation des câbles sous-marins, etc., à l'usage des électriciens constructeurs, des employés du télégraphe et des actionnaires de compagnies télégraphiques sous-marines. Avec planches, tables et figures dans le texte. In-12, XI-226 p. Rouen, imp. Cagniard. 3 fr. 50

1497. THOMAS et GASTELLIER. — Le Carnet du **peintre en voitures**. In-4, 22 p. Paris, imp. Lainé.

TOMMASI, ingénieur. — Le **Flux-moteur** ou la **Marée** employée comme force motrice à n'importe quelle distance de la mer. In-8, 34 p. et fig. Saint-Nicolas-de-Port, imp. E. Lacroix ; Paris même maison. 4 fr.

Publications scientifiques-industrielles de E. Lacroix. (Extrait des *Annales du Génie civil*.

1499. Traité élémentaire de **botanique**, par M. L. de G... 3e *édition*. In-18, XIV, 234 p. 27 pl. Paris, imp. Parent. 6 fr.

1500. **Transformation de la basse Loire**. Avant-projet. Rapport de M. Lechalas, ingénieur en chef des ponts et chaussées. 1 vol. in-4, 124 p., 27 p. de notes, 1 pl. 10 fr.

Table des matières.

Introduction, I à XVIII. — Bases de l'avant-projet. — Loire fluviale. — Loire maritime. — Les précédents. — Les analogies. — Solution proposée. — Les sables et les vases. — Les ponts et la traverse de 2 routes. — Tracé des digues. — Résumé. — Notes. — A, première proportion. — B, Seine et Garonne. — C, les formules. — D, la lame.

V

1501. Vanalphen. — **Manuel calculateur du poids des métaux employés dans les constructions**, par Vanalphen, métreur-vérificateur spécial de serrurerie. Avec un appendice. In-12, x-86 p. et 2 pl. Saint-Nicolas-de-Port, imp. E. Lacroix. 4 fr.

Bibliothèque des professions industrielles et agricoles.

1502. Van Peteghem (L.-J.). — Histoire de **l'enseignement de l'art du dessin** depuis les temps les plus reculés jusqu'à nos jours. 2e *édition* considérablement augmentée. Bruxelles, in-4, 172 p., 8 pl. dans le texte. Analyse comparée de plus de 500 méthodes. 6 fr.

1503. Vaussenat, ingénieur civil. — **Travail et travailleurs.** Simples notes, rapprochements et déductions. In-8, IX-216 p. Bagnères-de-Bigorre, imp. Péré. 3 fr.

Z

1504. Zeuner, professeur à l'école polytechnique fédérale de Zurich. — Traité des **distributions par tiroirs** dans les machines à vapeur fixes et les locomotives. Avec 54 fig. dans le texte et 5 pl. gravées. Traduit sur la 3e édition allemande. In-8, 260 p. Abbeville, imp. Briez. 9 fr.

BIBLIOGRAPHIE ÉTRANGÈRE

Greenwell. — A pratical treatise on mine engineering. (Traité pratique de l'art de l'ingénieur des mines). 2e *édition*. Sera publié en 16 livraisons mensuelles de 4 fr. chacune. Chaque livraison contient 12 p. de texte et quatre illustrations lithographiées imprimées en couleur.

Macquorn Rankine. — The cyclopadia of machine and hand tools, a series of plans, sections and elevations of the most approved tools for Working in iron, wood and other materials, with descriptive litterpress; and a brief skech of the manufacturer of iron and steel, illustratid by engrovings of the machinerg employed with examples of forgings drawn te scale, and on essay of the strength of materials, with numerons usefal tables, etc. L'encyclopédie des outils (outils pour machines et outils à la main) pour travailler le fer, le bois et d'autres matériaux, avec le texte descriptif; avec une esquisse rapide de la fabrication du fer et de l'acier, illustrée de gravures représentant les machines employées avec des exemples dessinés à l'échelle, et en plus un essai sur la résistance des matériaux, par M. Marquorn Rankine, professeur de Génie civil, etc., à l'université de Glasgow. 1 vol. in-4, relié en maroquin, de 150 p. d'impression et de 50 p. de gravure sur cuivre, avec texte explicatif. 80 fr.

Spons'-Dictionnary of engeneering civil, mechanical, military et naval, with technical terms in french, german, italian et spanish. (Dictionnaire de l'ingénieur civil, mécanicien, militaire et naval avec les termes techniques en français, allemand, italien et espagnol). 11e livraison des lettres Be aux lettres Bl. Prix de la livraison 1 fr. 25. Parmi les articles que contient cette livraison nous avons remarqué la suite des courroies, le bismuth, les fourneaux à courant d'air forcé, etc.

— 12e livraison de Bl à Bo, 1 fr. 25 c. Nous y remarquons la suite de l'article fourneau à courant d'air forcé; la machine à cingler; la machine soufflante; la section verticale dans les constructions navales. (La 12e livraison termine la 1re division du Dictionnaire qui aura 60 livraisons). Prix du 1er volume relié en percaline anglaise. 20 fr.

Reed. — Shipbuilding in iron an steel, a pratical treatise, giving full détails of construction, processes of manufacture, and building arrangements; with results of experiments on iron and steel, and on the strength and watertightness of riveted work. In-8, XXVII-540 p. Constructions navales en fer et en acier, traité pratique donnant des détails complets sur la construction, les procédés de manufactures, les appareils avec les résultats d'expériences sur le fer et l'acier, etc.

Luvini Giovanni. — **La Piccola Pisica**, per le scuole elementari maschili e femminili. 1 vol. in-18, 184 p. et fig. Torino, 1869, tipografia Arnaldi. 2 fr. 50

CHRONIQUE

Étude sur l'Industrie de l'Empire Chinois.

L'industrie des Chinois était arrivée au degré de développement qu'on lui connaît aujourd'hui dès le XVIe siècle, c'est-à-dire à l'époque où les Portugais obtinrent la permission de se livrer au commerce à Macao. La perfection admirable avec laquelle les Chinois exercent certaines industries, l'ancienneté de leurs procédés dont l'origine se perd dans la nuit des temps, le peu de documents qu'on possède sur l'état des sciences industrielles du Céleste Empire, tout cela donne à l'ouvrage de MM. Stanislas Julien et Paul Champion un intérêt tout particulier [1]. Les auteurs réunissent toutes les conditions pour une œuvre semblable, M. Stanislas Julien, de l'Institut, est une de ces individualités marquantes, c'est lui qui s'est chargé de la traduction du texte chinois. M. Champion est un ancien délégué de la Société d'acclimatation en Chine et au Japon, il est professeur de chimie à l'Association polytechnique de Paris et chimiste-préparateur attaché au Conservatoire des arts et métiers et au laboratoire de l'École centrale des arts et manufactures.

Le livre de MM. Julien et Champion est un résumé de l'encyclopédie manufacturière de la Chine. On y traite des combustibles : houille, charbon de bois, lignite, tourbe et huile de pétrole. On connaît en Chine l'huile de pétrole depuis des siècles et on s'en sert au chauffage et à l'éclairage ; on y connaît l'action corrosive et dissolvante du pétrole et les Chinois recommandent de transporter ce liquide dans des vases de verre ou de porcelaine.

Le chlorure de sodium qu'on extrait de la mer, des étangs, des puits, de la terre, des sels de rivages et enfin à l'état de sel gemme ; la chaux, le soufre, le talc, le salpêtre, la poudre à canon, le verre, les émaux, les couleurs minérales, l'industrie des aluns, la métallurgie, les alliages, la fabrication des gongs ou tams-tams, la teinture, la fabrication du vert de Chine, la préparation de la gélatine, les vernis, les laques, les huiles, etc., tout cela est passé en revue avec une grande précision.

Les auteurs ont traité avec plus de soin certaines industries ; nous citerons la fabrication des bougies qui jouent un si grand rôle dans toutes les cérémonies de l'extrême Orient, la fabrication de l'encre de Chine, celle du papier et l'industrie de la soie.

L'encre de Chine est encore le monopole des Chinois, les produits européens n'ont pas rivalisé avec eux jusqu'ici. Ce n'est cependant pas une industrie des plus anciennes de l'Empire du Milieu ; elle date à peine du Ve siècle ; c'est déjà un âge respectable, mais en Chine c'est presque moderne. M. Stanislas Julien publie différents textes et M. Champion y ajoute ses observations personnelles.

La fabrication du papier remonte aux premières années de notre ère ; elle a subi diverses transformations et présente un haut degré de perfection.

Elle se rapproche beaucoup de notre fabrication du papier à la cuve. Le blanchiment de la pâte s'y fait à l'aide de divers procédés ; il en est un qui probablement n'est autre qu'un blanchiment au chlore. Les Chinois font un grand usage du papier, outre les applications ordinaires de ce produit, ils l'utilisent pour les carreaux des fenêtres, pour confectionner des parapluies et des parasols, pour allumer le feu, remplacer les allumettes, et pour une foule d'autres usages. La serviette et le mouchoir de papier sont utilisés dans toute

[1] *Les Industries anciennes et modernes de l'Empire chinois*, par MM. Stanislas Julien et Paul Champion. Paris 1869, imprimerie Claye, 1 volume in-8°. 6 fr. 50.

l'étendue de la Chine. Les succédanés du chiffon y sont employés depuis plus de dix-huit siècles ; l'écorce de bambou, l'écorce de *Broussonnetia*, les algues, une foule de fibres végétales sont mises à profit dans l'industrie de la papeterie en Chine.

Nous n'en finirions pas s'il fallait citer tout ce que révèle l'ouvrage dont nous essayons de donner une analyse ; on est frappé d'étonnement en présence de cette somme immense de connaissances variées que possèdent les habitants du Céleste-Empire. Ils connaissent et pratiquent la pisciculture depuis des siècles ; l'agriculture y est poussée à un tel point de perfection qu'elle est digne à tous égards de fixer notre attention. Le voyageur qui parcourt les campagnes du Céleste-Empire est frappé de la bonne disposition des cultures, de l'agencement des champs, du soin apporté à leur amélioration, des procédés ingénieux au moyen desquels on s'efforce de faire prospérer les plantes utiles et surtout des méthodes admirables d'irrigations qui sont usitées. L'agriculteur chinois fournit toujours à ses champs l'eau qui leur est nécessaire, et, quelle que soit la distance qui le sépare des sources et des fleuves, il ne manque pas d'amener dans ses cultures ce précieux élément de richesse et de fécondité.

Si les Chinois ne possèdent pas de connaissances scientifiques aussi étendues que les nôtres, ils y suppléent par une grande intelligence, un rare esprit d'observation et une pratique admirable. Ils modifient le fumier suivant la terre et l'espèce de culture qu'ils ont en vue ; ils utilisent les matières fécales qu'ils recueillent avec soin et transportent à de grandes distances; ils préparent des engrais artificiels et ont devancé les Européens dans la fabrication des engrais chimiques. C'est grâce à cet admirable développement de l'agriculture que l'Empire chinois peut subvenir à l'alimentation d'une population immense.

La fabrication du fromage de pois en Chine et au Japon est pleine d'intérêt; c'est encore là une industrie que nous pourrions emprunter à l'Orient. C'est une nourriture saine, fortifiante et même, préparé de certaine façon, le fromage de pois est un mets très-délicat.

L'ouvrage de MM. Julien et Champion donne une longue série de renseignements très-intéressants sur les miroirs magiques des Chinois. Lorsqu'on place un de ces miroirs en face du soleil et qu'on fait refléter, sur un mur très-rapproché, l'image de son disque, on y voit apparaître des caractères ou des images.

Un miroir de ce genre existe entre les mains de M. le marquis de La Grange, membre de l'Académie des inscriptions et belles-lettres de France. M. Stanislas Julien a expliqué ces curieux phénomènes, le travail du savant professeur a complétement élucidé cette question qui a si longtemps embarrassé le monde scientifique.

Les *Industries anciennes et modernes de l'Empire chinois* prendront place dans toutes les bibliothèques ; cet excellent livre s'adresse non-seulement aux savants, aux industriels, mais à tous ceux qui s'intéressent aux travaux de la pensée. Les planches qui accompagnent l'ouvrage sont des *fac-simile* des gravures chinoises ; elles contribuent à augmenter encore l'intérêt du texte, elles nous font en quelque sorte assister aux travaux mêmes qui y sont décrits.

HENRI BERGÉ.

Essai sur les discours de Machiavel avec les considérations de Guicciardini

Par VICTOR POIREL[1]

Nous laissons parler l'Auteur :

« En 1848, je m'étais mis à relire les Discours de Machiavel sur Tite-Live. Après le renversement d'une monarchie et l'établissement d'une république, ils devenaient un ouvrage de circonstance où l'auteur, pilote expérimenté non moins qu'habile manœuvrier, donne toutes les instructions à suivre en pareille conjoncture pour mettre le navire à flot, le gouverner à travers les écueils et le conduire à bon port. Afin de mieux fixer mes idées, je jetai sur le papier les réflexions qui me venaient à l'esprit et, réunissant ces notes éparses, j'en composai une série d'études relatives aux Discours, à ceux entre autres qui présentaient plus particulièrement un intérêt d'actualité.

« Plus tard, en 1857, me trouvant à Florence, au moment où parut le premier volume des œuvres inédites de Guicciardini, dans lequel se trouvent des *Considérations relatives aux Discours,* j'eus la satisfaction de constater qu'elles s'appliquaient, en très-grande partie, aux mêmes chapitres que j'avais choisis entre les trente premiers, pour les analyser et les commenter. Amené par cette coïncidence à revoir mon travail, je me décide aujourd'hui, après y avoir opéré quelques additions et remaniements, à le livrer au public. Il s'adresse surtout à la jeunesse instruite, laborieuse, sérieusement préoccupée de se préparer à remplir les devoirs qui l'attendent dans la vie civile et politique. Je me suis proposé de l'initier à l'étude de l'un des ouvrages sans contredit les mieux appropriés à ce but, de lui faire connaître un écrivain d'un admirable génie, avec la précaution toutefois de la prémunir contre les doctrines dangereuses, corruptrices, puisées dans le milieu et dans le temps où il vivait. Dégagés de cet élément délétère, les Discours deviennent pour l'esprit une nourriture aussi saine que fortifiante. »

Nous donnons ici le sommaire de quelques chapitres : — Le peuple et et l'aristocratie. — De la calomnie. — De la tyrannie. — Du pouvoir absolu. — De la raison d'État. — Le peuple. — De l'élection. — De l'hérédité. — Les princes usurpateurs. — De la liberté et du despotisme; etc., etc.

Ce livre sort du cadre qui fait l'objet de nos recherches bibliographiques, mais son auteur, ancien ingénieur en chef des ponts et chausées, a su jadis se faire connaître par d'excellents ouvrages aujourd'hui devenus rares, et ce travail présente un intérêt assez général pour que chacun veuille le lire.

[1] Saint-Nicolas-de-Port, imprimerie de E. Lacroix. — Nancy, librairie Gonet; Paris, librairie Lacroix, 54, rue des Saints-Pères. Prix, 7 fr. 50.

Le Propriétaire-Gérant : EUGÈNE LACROIX

BIBLIOTHÈQUE [illegible] DÉPÔT LÉGAL

Imprimerie Polytechnique de E. LACROIX, à Saint-Nicolas (Meurthe).

Imprimerie et Librairie de E. Lacroix, 54, rue des Saints-Pères, Paris.

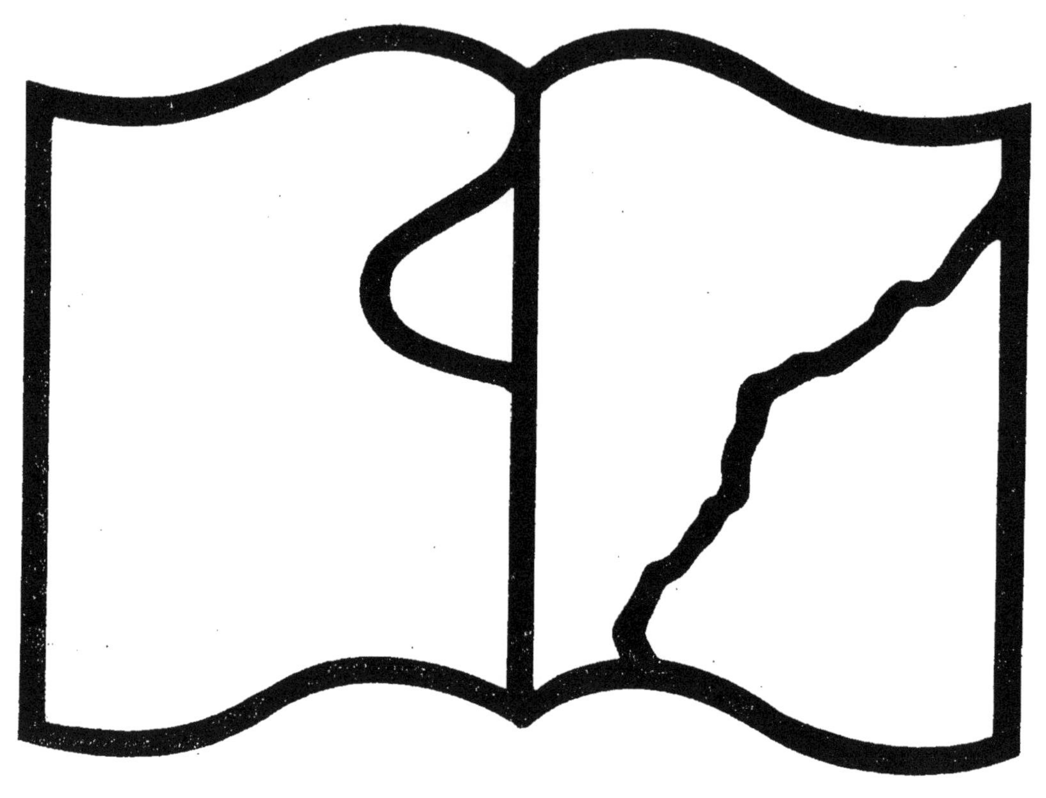

Texte détérioré — reliure défectueuse

NF Z 43-120-11

Contraste insuffisant

NF Z 43-120-14

www.ingramcontent.com/pod-product-compliance
Ingram Content Group UK Ltd.
Pitfield, Milton Keynes, MK11 3LW, UK
UKHW012045240726
13965UKWH00003B/1065